运检专业技术监督设备监造指导书

国网辽宁省电力有限公司　组编

中国电力出版社

CHINA ELECTRIC POWER PRESS

内 容 提 要

本书共分 5 章，对油浸式变压器、油浸式电抗器、断路器、组合电器和隔离开关 5 类设备的监督项目、监督内容、项目权重、监督要点、监督方式及监督方法进行了详细说明。以表格的形式列明了设备工艺质量关键把控要点及相关注意事项，并加入了金属专业设备关键部件材质抽检的相关内容，切实提高运检专业人员监造能力，推进技术监督监造工作标准化、量化执行。

本书可供运检专业参与监造人员阅读使用。

图书在版编目（CIP）数据

运检专业技术监督设备监造指导书/国网辽宁省电力有限公司组编.—北京：
中国电力出版社，2020.6
ISBN 978-7-5198-4499-8

Ⅰ．①运…　Ⅱ．①国…　Ⅲ．①电力系统运行－电力设备－监督管理－
中国　Ⅳ．①TM732

中国版本图书馆 CIP 数据核字（2020）第 054974 号

出版发行：中国电力出版社
地　　址：北京市东城区北京站西街 19 号
邮政编码：100005
网　　址：http://www.cepp.sgcc.com.cn
责任编辑：穆智勇（zhiyong-mu@sgcc.com.cn）
责任校对：黄　蓓　马　宁
装帧设计：张俊霞
责任印制：石　雷

印　　刷：三河市百盛印装有限公司
版　　次：2020 年 6 月第一版
印　　次：2020 年 6 月北京第一次印刷
开　　本：787 毫米×1092 毫米　横 16 开本
印　　张：7.75
字　　数：176 千字
印　　数：0001—1500 册
定　　价：31.00 元

编　委　会

主　　任　王爱华

副 主 任　于长广

主　　编　陈　刚

副 主 编　徐玲玲　栗　罡　金　焱　赵东旭　陈瑞国　王　汀　吴传玺　刘焕然
　　　　　李冠华

参　　编　孙明成　张兴辉　蒋苏南　陈泽华　王晓龙　汤德智　于海洋　陶　冶
　　　　　王　硕　王　鑫　陈　哲　张兴华　张文广　宿　浩　管银军　王天鹏
　　　　　吴　迪　杨雪滨　陈　蓉　李凤强　金涌川　崔　迪　曲　直　赵庆杞
　　　　　刘　军　于常乐　朱治中　朱远达　季彦辰　张　东　王城钧　金涌川
　　　　　赵　琦　康激扬　于在明　周友武　郝文魁　金　鑫　鲁旭臣　韦德福
　　　　　赵义松　朱义东　毕海涛　胡大伟　苑经纬　崔巨勇　田　野　宋云东
　　　　　朱思彤　包　蕊　马一菱　李学斌　王　磊　周桂平　陈毕波　戴通令
　　　　　张玉芳　李　伟　赵国强　杨小洋　冒友建　胡纯岳　林巍岩

　　早期设备监造是由专业的电力设备监造代表或电力专业技术丰富的专家组成监造组，进驻厂家生产现场对设备设计、制造、总装、试验等重要环节进行监督检查，确保产品质量符合技术协议的要求。随着大量国产设备投入电网，电网的安全稳定运行问题更加突出，单纯依靠第三方进行监造的模式已不能满足要求，需要设备投运后的运维管理部门派出具有较高技能水平和丰富现场管理经验的生产人员前往设备生产厂家参与设备监造，关注设备的总装、试验等关键环节，掌握设备制造及出厂的详细资料，见证设备出厂试验中的各项目是否通过。采用这种监造方式，可以在设备尚未出厂时对设备生产进行全面了解，发现制造中出现的问题并及时整改，确保设备"零缺陷"运抵现场进行安装和交接试验，并在运行中保证较高的可靠性和较低的缺陷率，为今后变电站的安全稳定运行创造了良好的硬件条件。

　　电网主设备（变压器、组合电器等）具有工艺技术复杂、加工制造周期长、人为因素多、质量风险管控要求高等特点，为加强设备监造工作的开展，实现技术监督关口前移，国网辽宁省电力有限公司在原有监造规范的基础上，结合电力行业最新的标准、规程及现场实际经验，编制《运检专业技术监督设备监造指导书》，明确运检专业重要质量把控点，逐步实现设备监造工作的标准化、规范化，提高运检人员的监造水平，指导运检人员顺利开展设备监造工作，进而为新设备的安全稳定运行保驾护航。

　　本书对油浸式变压器、油浸式电抗器、断路器、组合电器和隔离开关 5 类设备的监督项目、监督内容，项目权重、监督要点、监督方式及监督方法进行了详细说明，以表格的形式列明了设备工艺质量关键把控要点及相关注意事项，并加入了金属专业主设备关键部件材质抽检的相关内容。本书条理清晰、内容翔实，能够切实提高运检人员的监造能力，推进技术监督监造工作标准化、量化执行，是运检人员监造时一本实用性较强的指导书。

　　本书由辽宁省电力有限公司组织编写，国网抚顺供电公司、国网本溪供电公司、国网营口供电公司、国网阜新供电公司、国网辽阳供电公司、国网盘锦供电公司、国网辽宁检修公司、国网辽宁电科院参与编写，并得到了江苏省电力有限公司、安徽省电力有限公司、特变电工沈阳变压器集团有限公司、新东北电气集团高压开关有限公司、江苏省如高高压电器有限公司、西安西电开关电气有限公司、国网辽宁建设公司的热情帮助和大力支持，在此一并致谢。

本书可供运检专业的监造人员使用，适用于 66～500kV 变压器、油浸式电抗器、断路器、组合电器和隔离开关五类主设备的入厂监造。由于编写人员水平所限，书中难免存在不妥或疏漏之处，恳请广大读者批评指正。

编　者

2020 年 2 月

目　录

第1章 油浸式变压器技术监督设备监造项目

油浸式变压器技术监督设备监造项目、监督内容、权重及监督方式见表 1-1。

表 1-1 油浸式变压器技术监督设备监造项目

序号	监 造 项 目		监 督 内 容	权重	监 督 方 式	
1	油箱	钢材、焊接材料	钢材	I	文件见证	现场见证
2			焊接材料	I	文件见证	现场见证
3		焊装质量	焊接质量	III	文件见证	现场见证
4			夹件和拉板质量	II	文件见证	现场见证
5			箱沿，升高座法兰，联管法兰等法兰连接处密封面	II	文件见证	现场见证
6			箱沿与箱壁垂直度	II	文件见证	现场见证
7			屏蔽质量	III		现场见证
8			箱内壁平整度	II	文件见证	现场见证
9			外部质量	II		现场见证
10		油箱整体要求	油箱内部清洁度	II		现场见证
11			箱顶导油管沿气体继电器气流方向	III	文件见证	现场见证
12			法兰密封面连接	II		现场见证
13			配装质量检查	II		现场见证
14		油箱试验	油箱机械强度试验	III	文件见证	现场见证
15			油箱气压试漏试验	III	文件见证	现场见证
16			波纹芯体试漏试验	III	文件见证	现场见证

1

续表

序号	监造项目		监督内容	权重	监督方式	
17	油箱	喷漆质量	漆膜颜色、厚度	II	文件见证	现场见证
18	铁心	硅钢片	型号、生产厂家	I	文件见证	现场见证
19		铁心片剪切	横向剪切、纵向剪切	II	文件见证	现场见证
20		铁心叠片	窗宽测量	I	文件见证	现场见证
21		铁心叠装	叠片对角线测量	I	文件见证	现场见证
22			屏蔽帽装配	II	文件见证	现场见证
23			铁心垂直度	II	文件见证	现场见证
24			铁心端面涂漆	I		现场见证
25			铁心各级厚度	II	文件见证	现场见证
26			铁心对拉带绝缘	III	文件见证	现场见证
27			铁心对夹件绝缘	III	文件见证	现场见证
28			铁心对夹件绝缘	III	文件见证	现场见证
29	线圈制作	电磁线及绝缘材料	电磁线	I	文件见证	现场见证
30			绝缘材料	II	文件见证	现场见证
31		线圈绕制	工作环境	I	文件见证	现场见证
32			幅向尺寸	II	文件见证	现场见证
33			线圈内径	II	文件见证	现场见证
34			导线换位处理	III		现场见证
35			静电板放置	II	文件见证	现场见证

续表

序号	监 造 项 目		监 督 内 容	权重	监 督 方 式	
36	线圈绕制		导油板放置	II	文件见证	现场见证
37			导线焊接	III		现场见证
38	线圈制作	线圈组装	线圈压装整理	III	文件见证	现场见证
39			线圈导通测量	III	文件见证	现场见证
40			垫块间距	II	文件见证	现场见证
41			撑条垂直度	II	文件见证	现场见证
42			线圈出头位置偏差	II	文件见证	现场见证
43			线圈出头绑扎	II	文件见证	现场见证
44			线圈匝间绝缘	II		现场见证
45			线圈出头屏蔽及绝缘包扎	III	文件见证	现场见证
46			端圈放置	II	文件见证	现场见证
47			线圈与线圈套装	II		现场见证
48			线圈清洁度	I		现场见证
49			导线出头脱漆检查	II	文件见证	现场见证
50	器身装配	装配准备	工作环境	I	文件见证	现场见证
51		绝缘装配	铁轭绝缘、纸板、端圈等绝缘件	II		现场见证
52		上铁轭装配	插上铁轭铁心片	II		现场见证
53			上铁轭装配	II		现场见证
54		铁心级次垫块	铁心级次垫块的顶级情况	II	文件见证	现场见证
55		铁心绝缘电阻测量	铁心对夹件绝缘电阻	III	文件见证	现场见证

3

序号	监 造 项 目		监 督 内 容	权重	监 督 方 式	
56	器身装配	铁心绝缘电阻测量	铁心油道间绝缘电阻	III	文件见证	现场见证
57			拉带对铁心、夹件绝缘电阻	III	文件见证	现场见证
58		铁心检查	铁心碰伤处检查	I	文件见证	现场见证
59			清洁度检查	II		现场见证
60		接地系统装配	装配接地线	III	文件见证	现场见证
61		线圈套装	线圈在铁心柱上套装	III	文件见证	现场见证
62		开关连接	有载开关切换部分组装	III	文件见证	现场见证
63			无载开关与绝缘支架装配	III	文件见证	现场见证
64		引线装配	引线装配	III	文件见证	现场见证
65		器身检查	器身清洁度	I	文件见证	现场见证
66			引线绝缘距离检查	II	文件见证	现场见证
67	总装配	组件准备	套管	III	文件见证	现场见证
68			片式散热器、强油循环风冷却器	III	文件见证	现场见证
69			储油柜	I	文件见证	现场见证
70			气体继电器	III	文件见证	现场见证
71			三维冲击查看仪	II	文件见证	现场见证
72			分接开关	III	文件见证	现场见证
73			压力释放阀	II	文件见证	现场见证
74			吸湿器	II	文件见证	现场见证
75			蝶阀、闸阀及球阀	II	文件见证	现场见证

序号	监造项目		监督内容	权重	监督方式	
76	总装配	组件准备	测温装置	II	文件见证	现场见证
77			变压器其他装配附件	II	文件见证	现场见证
78		油箱准备	油箱及盖板检查	I		现场见证
79			油箱屏蔽	II	文件见证	现场见证
80			油箱磁屏蔽接地片与接地板	II		现场见证
81		真空干燥后的器身整理	器身检查	III	文件见证	现场见证
82			器身紧固	II	文件见证	现场见证
83			测量铁心对夹件电阻值	III	文件见证	现场见证
84		器身下箱	器身定位	II		现场见证
85			绝缘电阻测量	III	文件见证	现场见证
86			油箱壁纸板安装	II	文件见证	现场见证
87		变压器附件装配	升高座	II	文件见证	现场见证
88			套管、引线连接	III	文件见证	现场见证
89			引线	II	文件见证	现场见证
90			有载分接开关	III	文件见证	现场见证
91			储油柜装配	III	文件见证	现场见证
92			铁心夹件接地线	II	文件见证	现场见证
93		整体试漏	油箱表面是否存在渗漏	III	文件见证	现场见证
94	出厂试验	绕组直流电阻测量	查看仪器仪表	I	文件见证	现场见证
95			观察电阻测量	IV	文件见证	现场见证

序号	监造项目		监督内容	权重	监督方式	
96	出厂试验	电压比测量及联结组别标号检定	查看仪器仪表	IV	文件见证	现场见证
97			观察试验全过程	IV	文件见证	现场见证
98		绕组绝缘电阻测试	查看仪表仪器	I	文件见证	现场见证
99			观察测量绕组绝缘电阻	IV	文件见证	现场见证
100			核算吸收比和极化指数	IV	文件见证	现场见证
101		介质损耗因数、电容测量	查看仪表仪器	I	文件见证	现场见证
102			观察测量	IV	文件见证	现场见证
103		空载试验	查看互感器、仪器	I	文件见证	现场见证
104			观察测量空载电流和空载损耗	IV	文件见证	现场见证
105			观察测量伏安特性	IV	文件见证	现场见证
106			观察长时空载试验	IV	文件见证	现场见证
107			观测电压电流的谐波	IV	文件见证	现场见证
108			试验数据对比	IV	文件见证	现场见证
109		短路阻抗和负载损耗测量	查看互感器、仪器	IV	文件见证	现场见证
110			观察最大容量绕组对间主分接的短路阻抗和负载损耗测量	IV	文件见证	现场见证
111			观察其他绕组对间及其他分接的短路阻抗和负载损耗测量	IV	文件见证	现场见证
112			观察低电压小电流法测短路阻抗	III	文件见证	现场见证
113		操作冲击试验（SI）	查看试验装置、仪器及其接线、分压比	II	文件见证	现场见证
114			观察冲击波形及电压峰值	II	文件见证	现场见证

续表

序号	监 造 项 目		监 督 内 容	权重	监督方式	
115	出厂试验	操作冲击试验（SI）	观察冲击过程及顺序	II	文件见证	现场见证
116			试验结果判定	IV	文件见证	现场见证
117		线端雷电全波、截波冲击试验（LI）	查看试验装置、仪器及其接线、分压比	I	文件见证	现场见证
118			观察冲击电压波形及峰值	IV	文件见证	现场见证
119			观察冲击过程及次序	IV	文件见证	现场见证
120			试验结果初步判定	IV	文件见证	现场见证
121		中性点雷电全波冲击试验（LI）	查看试验装置、仪器及其接线，分压比	II	文件见证	现场见证
122			观察冲击电压波形及峰值	IV	文件见证	现场见证
123			观察冲击过程及次序	IV	文件见证	现场见证
124			试验结果判定	IV	文件见证	现场见证
125	出厂试验	外施工频耐压试验	查看试验装置、仪器及其接线、分压比	II	文件见证	现场见证
126			观察加压全过程	II	文件见证	现场见证
127			试验结果判定	IV	文件见证	现场见证
128		带有局部放电测量的感应耐压试验（IVPD）	查看试验装置、仪器及接线和互感器变比	II	文件见证	现场见证
129			观察并记录背景噪声	III	文件见证	现场见证
130			观察电压、方波校准	II	文件见证	现场见证
131			观察感应电压频率及峰值	IV	文件见证	现场见证
132			观察感应耐压全过程	IV	文件见证	现场见证
133			观察局部放电测量	II	文件见证	现场见证
134			试验结果判定	IV	文件见证	现场见证

序号	监造项目		监督内容	权重	监督方式	
135	出厂试验	绝缘油试验	击穿电压（kV）	IV	文件见证	现场见证
136			水分（mg/L）	IV	文件见证	现场见证
137			介质损耗因数 tanδ（90℃）	IV	文件见证	现场见证
138			闪点（闭口）（℃）	IV	文件见证	现场见证
139			界面张力（mN/m，25℃）	IV	文件见证	现场见证
140			酸值（mgKOH/g）	IV	文件见证	现场见证
141			水溶性酸 pH 值	IV	文件见证	现场见证
142			油中颗粒度	IV	文件见证	现场见证
143	出厂试验		体积电阻率（Ω·m，90℃）	IV	文件见证	现场见证
144			含气量（%，V/V）	IV	文件见证	现场见证
145			糠醛（mg/L）	IV	文件见证	现场见证
146			腐蚀性硫	IV	文件见证	现场见证
147			结构簇	IV	文件见证	现场见证
148			T501 等检测报告	IV	文件见证	现场见证
149		油中含气体分析	观察采样	IV	文件见证	现场见证
150			查看色谱分析报告	IV	文件见证	现场见证
151		有载分接开关试验	观察开关安装检查	IV	文件见证	现场见证
152			观察电动操作试验和过渡电阻	IV	文件见证	现场见证
153			观测辅助线路绝缘	IV	文件见证	现场见证
154			观察切换开关油室密封	IV	文件见证	现场见证

序号	监 造 项 目		监 督 内 容	权重	监 督 方 式	
155	出厂试验	套管电流互感器试验	观察试验查看记录	III	文件见证	现场见证
156		温升试验	观测环境温度	II	文件见证	现场见证
157			观测油温	II	文件见证	现场见证
158			观察通流升温过程	III	文件见证	现场见证
159			观测绕组电阻	IV	文件见证	现场见证
160			查看绕组温度推算	III	文件见证	现场见证
161		声级测量	观察试验全过程	IV	文件见证	现场见证
162		线端交流耐压试验（LTAC）	查看试验装置、仪器及其接线	II	文件见证	现场见证
163			观察试验全过程	IV	文件见证	现场见证
164			初步分析	IV	文件见证	现场见证
165		长时过电流试验	观测环境温度	II	文件见证	现场见证
166			观测油温	II	文件见证	现场见证
167	出厂试验		观察通流升温过程	IV	文件见证	现场见证
168		绕组频响特性测量	比较绕组间频率响应特性曲线	IV	文件见证	现场见证
169		无励磁分接开关试验（适用于电动操作机构）	无励磁分接开关操作试验	IV	文件见证	现场见证
170			辅助线路绝缘试验	IV	文件见证	现场见证
171		变压器压力密封试验	观察试验全过程	II	文件见证	现场见证
172			试验结果判定	IV	文件见证	现场见证
173		套管试验	观察试验全过程	IV	文件见证	现场见证
174		铁心、夹件绝缘试验	观察试验全过程	IV	文件见证	现场见证

序号	监造项目		监督内容	权重	监督方式
175	出厂验收	预装	组部件装配情况	II	现场见证
176		防雨罩	户外变压器的气体继电器（本体、有载开关）、温度计、油位计、防雨罩安装情况	II	现场见证
177		标志	各类组部件标志情况	II	现场见证
178		组部件	部件铭牌内容及各部件接地情况	II	现场见证
179		铭牌	铭牌完整情况	I	现场见证
180		螺丝	螺丝选用情况	II	现场见证
181		软连接	软连接部位	II	现场见证
182	金属	波纹储油柜	不锈钢芯体材质	IV	现场抽检
183		防雨罩	材质	IV	现场抽检
184			厚度	IV	现场抽检
185		壳体防腐涂层	外观	III	现场抽检
186			厚度及附着力	IV	现场抽检
187			材质	IV	现场抽检
188		套管	套管支撑板材质	IV	现场抽检
189			套管接线端子（抱箍线夹）材质	IV	现场抽检
190		紧固件	紧固件镀层	III	现场抽检
191		控制箱和端子箱	材质	IV	现场抽检
192			厚度	IV	现场抽检
193		黄铜阀门	材质	IV	现场抽检
194		铜（导）线	材质	IV	现场抽检

1.1 油浸式变压器油箱制作监督要点

序号	监督项目	监督内容	权重	监 督 要 点	监督方式	监督方法
1.1.1	钢材、焊接材料	钢材	I	规格、厚度和设计相符，表观质量合格	文件见证 现场见证	查验原厂质量保证书，查看入厂检验报告，查看实物
		焊接材料	I	规格、材质和工艺要求相符		
1.1.2	焊装质量	焊接质量	II	①焊缝饱满、无缝无孔、无焊瘤、无夹渣	现场见证	对照设计图纸和工艺文件要求，观察实际焊接操作，查看探伤报告，查看投标文件按（技术协议），现场查看
			II	②密封焊缝应满足设计图纸和工艺文件要求	文件见证 现场见证	
			III	③钢板拼接焊缝进行无损探伤应满足焊接质量要求	现场见证	
		夹件和拉板质量	II	夹件和拉板无尖角毛刺，表面除锈彻底，端面应按设计要求进行倒角	文件见证 现场见证	对照设计图纸和工艺文件要求，现场查看
		箱沿、升高座法兰、联管法兰等法兰连接处密封面	II	密封面平整度应符合设计图纸和工艺文件要求	文件见证 现场见证	对照设计图纸和工艺文件要求，查看现场实测值
		箱沿与箱壁垂直度	II	垂直度偏差应符合设计图纸和工艺文件要求	文件见证 现场见证	对照设计图纸和工艺文件要求，查看现场实测值
		屏蔽质量	III	磁屏蔽应安装规整，电屏蔽应焊接良好	现场见证	对照工艺文件要求，现场查看
		箱内壁平整度	II	非屏蔽部位、磁屏蔽部位、电屏蔽部位平整度应符合设计图纸和工艺文件要求	文件见证 现场见证	对照设计图纸和工艺文件要求，查看现场实测值
		外部质量	II	气割端面应打磨光滑	现场见证	对照工艺文件要求，现场查看
1.1.3	油箱整体要求	油箱内部清洁度	II	①磨平油箱内壁的尖角毛刺、焊瘤和飞溅物，确保内壁光洁	现场见证	对照工艺文件要求，现场查看

续表

序号	监督项目	监督内容	权重	监督要点	监督方式	监督方法
1.1.3	油箱整体要求	箱顶导油管沿气体继电器气流方向	II	②清除油箱内部焊渣等金属和非金属异物,特别是喷丸处理过程中可能存留的钢砂		
			III	箱顶导油管沿气体继电器气流方向应有 1%~1.5%的升高坡度	文件见证现场见证	对照设计图纸和工艺文件要求,查看现场实测值
		法兰密封面连接	II	法兰密封面连接应正确配合,无渗漏	现场见证	对照设计图纸和工艺文件要求,现场查看
		配装质量检查	II	油箱的全部焊接附件应进行预组装	现场见证	对照设计图纸和工艺文件要求,现场查看
1.1.4	油箱试验	油箱机械强度试验	III	66kV、220kV 及 500kV 的变压器油箱应具有能承受住真空度为 133Pa 和 0.1MPa 机械强度能力	文件见证现场见证	对照工艺文件要求,查看试验报告,查看投标文件(技术协议),现场查看
		油箱气压试漏试验	III	焊接完成后应按工艺文件要求进行正压气压试漏试验,保证油箱密封焊缝良好	文件见证现场见证	对照工艺文件要求,查看试验报告,现场查看
		波纹芯体试漏试验	III	①波纹芯体在高度(长度)限位的情况下,充气加压 50kPa,持续 15min 不应有渗漏,压力解除后不应有永久变形	文件见证现场见证	对照工艺文件要求,查看试验报告,现场查看
			III	②波纹芯体在闭合高度下能承受真空度不大于 50Pa,充气加压 50kPa,持续 30min 的密封试验,观察真空表压力回升应小于 70Pa,压力解除后不应有永久变形	文件见证现场见证	对照工艺文件要求,查看试验报告,现场查看
1.1.5	喷漆质量	漆膜颜色、厚度	II	油箱漆膜颜色和厚度应符合设计图纸和工艺文件、技术协议要求	文件见证现场见证	对照设计图纸和工艺文件要求,查看现场实测值

1.2　油浸式变压器铁心制作监督要点

序号	监督项目	监督内容	权重	监 督 要 点	监督方式	监督方法
1.2.1	硅钢片	型号、生产厂家	I	型号和厂家应与技术协议（投标文件）相符，断面、表面要求无缺损、锈蚀、毛边和异物	文件见证 现场见证	查看技术协议（投标文件），查验原厂出厂文件，查验入厂检验报告，查看实物
1.2.2	铁心片剪切	横向剪切、纵向剪切	II	波浪度（浪高、浪距、波浪数量）、剪切毛刺、铁心片厚度偏差、斜边长度偏差、铁心长度偏差应符合工艺文件要求	文件见证 现场见证	对照工艺文件要求，查看现场实测值
1.2.3	铁心叠片	窗宽测量	I	铁心窗宽间距偏差应符合设计图纸和工艺文件要求	文件见证 现场见证	对照设计图纸和工艺文件要求，查看现场实测值
1.2.4	铁心叠装	叠片对角线测量	I	测量铁心叠片对角线尺寸偏差应符合设计图纸和工艺要求	文件见证 现场见证	对照设计图纸和工艺文件要求，查看现场实测值
		屏蔽帽装配	II	应按设计图纸位置装配，确认螺栓紧固、屏蔽帽装配完好	文件见证 现场见证	对照设计图纸和工艺文件要求，现场查看
		铁心垂直度	II	垂直度应符合设计图纸和工艺文件要求	文件见证 现场见证	对照设计图纸和工艺文件要求，查看现场实测值
		铁心端面涂漆	I	漆膜应完整，无露底、漏涂和漆瘤等现象	现场见证	对照工艺文件要求，现场查看
		铁心各级厚度	II	铁心每级厚度及总厚度测量尺寸应符合设计图纸和工艺文件要求，主级不能出现负公差	文件见证 现场见证	对照设计图纸和工艺文件要求，查看现场实测值
		铁心对拉带绝缘	III	用500V或1000V绝缘电阻表测量绝缘电阻，其阻值应>0.5MΩ	文件见证 现场见证	对照工艺文件要求，查看试验报告，查看现场实测值
		铁心对夹件绝缘	III	用500V或1000V绝缘电阻表测量绝缘电阻，其阻值应>0.5MΩ		
		铁心对夹件绝缘	III	打开各连接片逐个油道检查，无通路现象		

1.3 油浸式变压器线圈制作监督要点

序号	监督项目	监督内容	权重	监 督 要 点	监督方式	监督方法
1.3.1	电磁线及绝缘材料	电磁线	I	①产品型号、规格、厂家应符合技术协议（投标文件）要求	文件见证现场见证	查看技术协议（投标文件），对照设计图纸的要求，查验生产厂质量保证书，查看制造厂入厂检验文件，查看实物
			I	②产品应具备合格的出厂质量证书、合格证、试验报告		
		绝缘材料	II	无尖角、毛刺、无粉尘、异物、无破损，不得起层、开胶，尺寸等应符合设计图纸和工艺文件要求		
1.3.2	线圈绕制	工作环境	I	应监测温度、湿度、降尘量，应符合工艺文件要求	文件见证现场见证	对照工艺文件要求，查看现场实测值
		辐向尺寸	II	线圈辐向尺寸偏差应符合设计图纸和工艺文件要求	文件见证现场见证	对照设计图纸和工艺文件要求，查看现场实测值
		线圈内径	II	线圈内径尺寸应符合设计图纸和工艺文件要求		
		导线换位处理	III	S弯换位平整、导线无损伤，无剪刀位，导线换位部分的绝缘处理良好，换位S弯两端不应进入垫块	现场见证	对照设计图纸和工艺文件要求，现场查看
		静电板放置	II	覆盖线段尺寸偏差应符合设计图纸和工艺文件要求	文件见证现场见证	对照设计图纸和工艺文件要求，查看现场实测值
		导油板放置	II	导油板放置应符合设计图纸和工艺文件要求	文件见证现场见证	对照设计图纸和工艺文件要求，现场查看
		导线焊接	III	①导线焊接牢固，焊料填充饱满，表面处理光滑，无尖角毛刺，无错边	现场见证	对照工艺文件要求，现场查看
			III	②导线焊接处绝缘包扎到原绝缘厚度，包扎紧实平整		
		线圈压装整理	III	确认实际操作压力、加压方式应符合工艺文件要求	文件见证现场见证	对照工艺文件要求，查看现场实测值

续表

序号	监督项目	监督内容	权重	监督要点	监督方式	监督方法
1.3.2	线圈绕制	线圈导通测量	III	单根导线应无断路，导线间应无短路	文件见证 现场见证	查看试验报告，查看现场实测值
1.3.3	线圈组装	垫块间距	II	油道垫块间距偏差应符合设计图纸和工艺文件要求	文件见证 现场见证	对照设计图纸和工艺文件要求，查看现场实测值
		撑条垂直度	II	撑条垂直度偏差应符合设计图纸和工艺文件要求		
		线圈出头位置偏差	II	线圈出头位置偏差应符合设计图纸和工艺文件要求		
		线圈出头绑扎	II	线圈出头绑扎牢固，应符合设计图纸及工艺要求	文件见证 现场见证	对照设计图纸和工艺文件要求，现场查看
		线圈匝间绝缘	II	线圈匝间绝缘表面应完好无破损	现场见证	对照工艺文件要求，现场查看
		线圈出头屏蔽及绝缘包扎	III	包扎紧实，屏蔽圆滑无尖角毛刺，应符合设计图纸和工艺文件要求	文件见证 现场见证	对照设计图纸和工艺文件要求，现场查看
		端圈放置	II	放置平整，不偏心，端圈绝缘垫块应上下对正，放置偏差应符合设计图纸和工艺文件要求		
		线圈与线圈套装	II	套装后紧实，不得松动，油隙撑条、端圈垫块应与线圈垫块对齐	现场见证	对照设计图纸和工艺文件要求，现场查看
		线圈清洁度	I	线圈应清洁，无金属及非金属异物	现场见证	对照工艺文件要求，现场查看
		导线出头脱漆检查	II	导线出头脱漆应符合工艺文件要求	文件见证 现场见证	对照工艺文件要求，现场查看

1.4 油浸式变压器器身装配监督要点

序号	监督项目	监督内容	权重	监督要点	监督方式	监督方法
1.4.1	装配准备	工作环境	I	监测温度、湿度、降尘量应符合工艺文件要求	文件见证 现场见证	查看现场实测值
1.4.2	绝缘装配	铁轭绝缘、纸板、端圈等绝缘件	II	表观质量应良好，层压件无开裂起层现象	现场见证	对照工艺文件要求，现场查看
1.4.3	上铁轭装配	插上铁轭铁心片	II	插接紧实、插片不应有搭接	现场见证	对照工艺文件要求，现场查看
		上铁轭装配	II	上铁轭松紧度，以检验插板刀插入深度为准，通常应＜80mm		
1.4.4	铁心级次垫块	铁心级次垫块的顶级情况	II	所有铁心级次垫块顶级应达到100%顶级	现场见证	对照工艺文件要求，现场查看
1.4.5	铁心绝缘电阻测量	铁心对夹件绝缘电阻	III	用500V或1000V绝缘电阻表测量绝缘电阻，其阻值应＞0.5MΩ	文件见证 现场见证	对照设计图纸和工艺文件要求，查看试验报告，查看现场实测值
		铁心油道间绝缘电阻	III	打开各连接片逐个油道检查，无通路现象		
		拉带对铁心、夹件绝缘电阻	III	用500V或1000V绝缘电阻表测量绝缘电阻，其阻值应＞0.5MΩ		
1.4.6	铁心检查	铁心碰伤处检查	I	铁心碰伤处数量应符合工艺文件要求	文件见证 现场见证	对照工艺文件要求，现场查看
		清洁度检查	II	应无金属、非金属异物	现场见证	对照工艺文件要求，现场查看
1.4.7	接地系统装配	装配接地线	III	按设计图纸要求装配接地线（上轭接地片、心柱地屏接地、旁轭地屏接地、下部压板型磁屏蔽接地、侧梁接地、上横梁接地、拉带接地、上夹件接地）	文件见证 现场见证	对照设计图纸和工艺文件要求，现场查看
1.4.8	线圈套装	线圈在铁心柱上套装	II	①绕组套入屏蔽后的心柱要松紧适度	现场见证	对照工艺文件要求，现场查看
			II	②下铁轭垫块及下铁轭绝缘平整、稳固，与夹件肢板接触紧密		

序号	监督项目	监督内容	权重	监 督 要 点	监督方式	监督方法
1.4.8	线圈套装	线圈在铁心柱上套装	II	③相绕组各出头位置应符合设计图纸和工艺文件要求	文件见证 现场见证	对照设计图纸和工艺文件要求,现场查看
			III	④多个线圈共用绝缘压板压紧时,应确保每个线圈均被压实	现场见证	现场查看
			II	⑤主变压器高压、低压线圈套装时,应确保各散热油道通畅	现场见证	现场查看
1.4.9	开关连接	有载开关切换部分组装	III	①分接开关各部件无损坏和变形,绝缘件无开裂,触头接触良好,连线正确牢固,铜编织线无断股,过渡电阻无断裂松脱	现场见证	现场查看
			I	②分接引线长度适宜,分接开关不受牵拉力	现场见证	对照设计图纸和工艺文件要求,现场查看
			II	③分接引线绝缘包扎良好,与器身其他部位绝缘距离应符合设计图纸和工艺文件要求	文件见证 现场见证	对照设计图纸和工艺文件要求,现场查看
		无载开关与绝缘支架装配	II	开关垂直度、开关分接位置应符合设计图纸和工艺文件要求	文件见证 现场见证	对照设计图纸和工艺文件要求,现场查看
1.4.10	引线装配	引线装配	III	①操作冷压应符合工艺文件要求,所用压接管规格应与设计图纸要求一致,冷压时压接管内应填充密实	文件见证 现场见证	对照设计图纸和工艺文件要求,现场查看
			III	②银(磷)铜焊接有一定的搭接面积严格符合工艺要求执行,焊面饱满、无氧化皮、无毛刺	现场见证	对照设计图纸和工艺文件要求,现场查看
			II	③引线及电缆进入套筒长度应符合工艺文件要求	文件见证 现场见证	对照工艺文件要求,现场查看
			II	④绝缘包扎要紧实,包厚符合设计图纸和工艺文件要求	文件见证 现场见证	对照设计图纸和工艺文件要求,现场查看

序号	监督项目	监督内容	权重	监督要点	监督方式	监督方法
1.4.10	引线装配	引线装配	II	⑤引线固定无松动	现场见证	对照工艺文件要求，现场查看
			III	⑥引线绝缘锥体刚好进入均压球内		
1.4.11	器身检查	器身清洁度	I	①确认器身清洁无金属和非金属异物残留	现场见证	对照工艺文件要求，现场查看
		引线绝缘距离检查	II	②引线布置不要超过夹件木件外侧	文件见证 现场见证	对照设计图纸和工艺文件要求，现场查看

1.5 油浸式变压器总装配监督要点

序号	监督项目	监督内容	权重	监督要点	监督方式	监督方法
1.5.1	组件准备	套管	I	①型号规格、生产商与设计文件相符	文件见证 现场见证	查看技术协议（投标文件），对照设计图纸的要求，查验生产厂质量保证书，查看实物
			I	②实物表观完好无损	现场见证	现场查看
			III	③66kV、220kV 及 500kV 的电压等级变压器套管接线端子（抱箍线夹），以铜合金材料制造的金属，其铜含量不低于 80%的规定。禁止采用黄铜材质或铸造成型的抱箍线夹	文件见证 现场见证	查验原厂质量保证书和出厂试验报告，查看制造厂的入厂检验查看，现场核对实物
			III	④套管均压环应采用单独的紧固螺栓，禁止紧固螺栓与密封螺栓共用，禁止密封螺栓上、下两道密封共用	现场见证	现场查看
		片式散热器、强油循环风冷却器	I	①散热器、冷却器的型号规格、生产商与设计文件相符	文件见证 现场见证	查看技术协议（投标文件），对照设计图纸的要求，查验生产厂质量保证书，查看实物
			I	②实物表观完好无损	现场见证	现场查看

序号	监督项目	监督内容	权重	监督要点	监督方式	监督方法
1.5.1	组件准备	片式散热器、强油循环风冷却器	III	③强迫油循环变压器的潜油泵应选用转速不大于1500r/min 的低速潜油泵，对运行中转速大于1500r/min 的潜油泵应进行更换	文件见证现场见证	查验原厂质量保证书和出厂试验报告，查看制造厂的入厂检验查看，现场核对实物
		储油柜	I	①储油柜的型号规格、生产商与设计文件相符	文件见证现场见证	查看技术协议（投标文件），对照设计图纸的要求，查验生产厂质量保证书，查看实物
			II	②波纹管储油柜应检查波纹管伸缩灵活，密封完好；胶囊式储油柜应检查胶囊完好；双密封隔膜储油柜应隔膜良好无损	现场见证	对照设计图纸要求，现场查看
			II	③油位计安装正确		
			II	④储油柜容量应不小于变压器本体容量的10%	文件见证现场见证	查验原厂质量保证书和出厂试验报告，查看制造厂的入厂检验查看，现场核对实物
		气体继电器	I	①型号规格、生产商与设计文件相符	文件见证现场见证	查看技术协议（投标文件），对照设计图纸的要求，查验生产厂质量保证书，查看实物
			II	②实物（主体、导气管、集气盒）表观完好无损，安装方向正确（箭头方向指向储油柜）	现场见证	对照设计图纸和工艺文件要求，现场查看
			III	③220kV 及以上变压器应采用双浮球或同等性能的并带挡板结构的气体继电器	文件见证现场见证	查验原厂质量保证书和出厂试验报告，查看制造厂的入厂检验查看，现场核对实物
		三维冲击查看仪	I	①实物表观完好无损	现场见证	现场查看
			II	②66kV、220kV 及 500kV 的变压器在运输过程中，应按照相应规范安装具有时标且有合适量程的三维冲击查看仪	文件见证现场见证	对照设计图纸要求，现场查看
			II	③防止三维冲击查看仪与变压器本体分离	现场见证	对照招标文件、设计文件，

续表

序号	监督项目	监督内容	权重	监督要点	监督方式	监督方法
1.5.1	组件准备	分接开关	I	①型号规格、生产商与设计文件相符	文件见证 现场见证	查看技术协议（投标文件），对照设计图纸的要求，查验生产厂质量保证书，查看实物
			I	②实物表观完好无损	现场见证	现场查看
			III	③油灭弧有载分接开关应选用油流速动继电器，不应采用具有气体报警（轻瓦斯）功能的气体继电器；真空灭弧有载分接开关应选用具有油流速动、气体报警（轻瓦斯）功能的气体继电器。新安装的真空灭弧有载分接开关，宜选用具有集气盒的气体继电器	文件见证 现场见证	查验原厂质量保证书和出厂试验报告，查看制造厂的入厂检验查看，现场核对实物
		压力释放阀	I	①型号规格、生产商与设计文件相符	文件见证 现场见证	查看技术协议（投标文件），对照设计图纸的要求，查验生产厂质量保证书，查看实物
			I	②实物表观完好无损	现场见证	现场查看
			II	③配有引下管，引下管下部管口配有防护网	现场见证	对照设计图纸要求，现场查看
		吸湿器	I	①型号规格、生产商与设计文件相符	文件见证 现场见证	查看技术协议（投标文件），对照设计图纸的要求，查验生产厂质量保证书，查看实物
			I	②实物表观完好无损	现场见证	现场查看
			II	③硅胶颜色应符合设计文件要求	文件见证 现场见证	对照设计图纸要求，现场查看
			II	④硅胶的重量应不低于变压器储油柜油重的1‰	文件见证 现场见证	查验原厂质量保证书和出厂试验报告，查看制造厂的入厂检验查看，现场核对实物
			II	⑤配有全透明主体	现场见证	对照设计图纸要求，现场查看
			II	⑥下部应配有透明油杯并有刻度线	现场见证	对照设计图纸要求，现场查看

序号	监督项目	监督内容	权重	监 督 要 点	监督方式	监督方法
1.5.1	组件准备	蝶阀、闸阀及球阀	I	①型号规格、生产商与设计文件相符	文件见证 现场见证	查看技术协议（投标文件），对照设计图纸的要求，查验生产厂质量保证书，查看实物
			I	②实物表观完好无损	现场见证	现场查看
			II	③压力及泄漏等级满足设计文件要求	文件见证 现场见证	查验原厂质量保证书和出厂试验报告，查看制造厂的入厂检验查看，现场核对实物
		测温装置	I	①型号规格、生产商与设计文件相符	文件见证 现场见证	查看技术协议（投标文件），对照设计图纸的要求，查验生产厂质量保证书，查看实物
			I	②实物表观完好无损	现场见证	现场查看
			II	③数量满足设计要求	文件见证 现场见证	对照设计图纸要求，现场查看
			II	④量程满足相关标准要求或当地环境要求		
		变压器其他装配附件	I	①型号规格、生产商与设计文件相符	文件见证 现场见证	查看技术协议（投标文件），对照设计图纸的要求，查验生产厂质量保证书，查看实物
			I	②实物表观完好无损	现场见证	现场查看
			II	③具有出厂检验合格证书	文件见证 现场见证	查看技术协议（投标文件），对照设计图纸的要求，查验生产厂质量保证书，查看制造厂入厂检验文件，查看实物
1.5.2	油箱准备	油箱及盖板检查	I	无金属异物和非金属异物，无浮灰，表面无漆脱落，密封面良好	现场见证	对照工艺文件要求，现场查看
		油箱屏蔽	II	油箱屏蔽安装规整、牢固、无裂纹，符合设计图纸和工艺文件要求	文件见证 现场见证	对照设计图纸和工艺文件要求，现场查看

序号	监督项目	监督内容	权重	监 督 要 点	监督方式	监督方法
1.5.2	油箱准备	油箱磁屏蔽接地片与接地板	II	①接地片与接地板接触面清洁、平整，紧固螺栓牢固、可靠，磁屏蔽接地线接地可靠	现场见证	对照工艺文件要求，现场查看
			II	②防止磁屏蔽多点接地，需打开磁屏蔽接地线，单独测量磁屏蔽对油箱的绝缘电阻		
1.5.3	真空干燥后的器身整理	器身检查	I	①有合格标识，表面清洁，无异物	现场见证	对照工艺文件要求，现场查看
			II	②支撑件及加持件无开裂		
			II	③铁心端面无锈迹		
			III	④夹件对铁心绝缘电阻阻值≥100MΩ	文件见证现场见证	对照设计图纸和工艺文件要求，查看试验报告，查看现场实测值
		器身紧固	II	①器身轴向加压压力应符合制造厂设计图纸和工艺文件要求	文件见证现场见证	对照设计图纸和工艺文件要求，现场查看
			II	②器身加压后，相间及线圈端部填充物（楔子）应紧实、无松动	现场见证	对照工艺文件要求，现场查看
			II	③紧固件应按照制造厂紧固件力矩表进行紧固、无松动		
		测量铁心对夹件电阻值	III	④器身整理完毕后，用500V或1000V绝缘电阻表测量铁心对夹件绝缘电阻，其阻值≥100MΩ	文件见证现场见证	对照设计图纸和工艺文件要求，查看现场实测值
1.5.4	器身下箱	器身定位	II	①器身定位钉应与定位碗相匹配	现场见证	对照设计图纸和工艺文件，现场查看
			II	②浇注高度应符合工艺文件要求，无溢出现象		
		绝缘电阻测量	III	①用500V或1000V绝缘电阻表测量铁心对夹件绝缘电阻其阻值≥100MΩ	文件见证现场见证	对照设计图纸和工艺文件要求，查看现场实测值
			III	②用500V或1000V绝缘电阻表测量夹件对油箱绝缘电阻其阻值≥500MΩ，铁心对油箱的阻值≥500MΩ		
			III	③测量油道间绝缘电阻，无通路现象		

序号	监督项目	监督内容	权重	监 督 要 点	监督方式	监督方法
1.5.4	器身下箱	油箱壁纸板安装	II	箱壁及箱底纸板在使用前应干燥，在器身下箱前适时安装，应控制暴露在空气中的时间，时间以制造厂为准	文件见证 现场见证	对照设计图纸和工艺文件要求，现场查看
1.5.5	变压器附件装配	升高座	II	升高座安装方向应正确，铭牌向外	文件见证 现场见证	对照设计图纸和工艺文件要求，现场查看
		套管、引线连接	II	①引线、接线端子表面绝缘完好，无破损	现场见证	对照设计图纸和工艺文件要求，现场查看
			II	②接线螺栓紧固紧实，无松动	现场见证	现场查看
			II	③导杆头冷压或焊接应符合工艺文件要求，无尖角、毛刺	文件见证 现场见证	对照设计图纸和工艺文件要求，现场查看
			III	④套管安装后，套管尾部引线到油箱、夹件等绝缘距离应符合设计图纸和工艺文件要求		
			III	⑤均压球安装位置应符合设计图纸和工艺文件要求，均压球表面无破损		
		引线	II	①引线走向、绝缘厚度和绝缘距离应符合设计图纸和工艺文件要求	文件见证 现场见证	对照设计图纸和工艺文件要求，现场查看
			II	②引线表面无破损或异物	现场见证	对照工艺文件要求，现场查看
			II	③引线尺寸、绝缘厚度应符合设计图纸和工艺文件要求	文件见证 现场见证	对照设计图纸和工艺文件要求，现场查看
		有载分接开关	III	①开关提升并安装在油箱箱盖后，开关接线端子应无变形，相邻绝缘木件和螺杆无损坏	现场见证	现场查看
			II	②有载开关油室内部清洁，无异物		
			II	③开关头盖方向正确，传动轴长度配置应符合设计图纸和工艺文件要求	文件见证 现场见证	对照设计图纸和工艺文件要求，现场查看
			II	④整体转动时，应无卡阻现象	现场见证	对照工艺文件要求，现场查看

续表

序号	监督项目	监督内容	权重	监督要点	监督方式	监督方法
1.5.5	变压器附件装配	储油柜装配	II	①内部无金属异物和非金属异物,无浮灰,无漆膜脱落外部无浮灰,表面无漆脱落,密封面良好	现场见证	对照工艺文件要求,现场查看
			II	②胶囊式储油柜装配时,需对储油柜内壁进行检查清理,检查有无毛刺尖锐突起,胶囊装入后,需进行充气试漏	文件见证 现场见证	对照设计图纸和工艺文件要求,现场查看
			III	③波纹或隔膜储油柜密封性应符合设计图纸和工艺文件要求		
		铁心夹件接地线	II	①接地线长度、端子尺寸应符合设计图纸和工艺文件要求	文件见证 现场见证	对照设计图纸和工艺文件要求,现场查看
			II	②接地线两端安装应符合设计图纸和工艺文件要求		
1.5.6	整体试漏	油箱表面是否存在渗漏	III	应按照工艺文件要求进行产品标准压力和时间执行试漏试验	文件见证 现场见证	对照设计图纸和工艺文件要求,查看试验报告,现场查看

1.6 油浸式变压器出厂试验监督要点

序号	监督项目	监督内容	权重	监督要点	监督方式	监督方法
1.6.1	绕组直流电阻测量	查看仪器仪表	I	伏安法精度不应低于0.2级;电桥法精度不应低于0.05~0.1级		核查试验方案,现场查看
		观察电阻测量	III	①有分接的绕组,应在所有分接下测量其绕组电阻	文件见证 现场见证	核查试验方案、供货商工厂标准并现场查看试验过程
			II	②测量时要等待绕组自感效应的影响降到最低程度再读取数据		
		试验结果判定	IV	①1600kVA及以下的三相变压器,各相测得值的相互差值应小于平均值的4%,线间测得值的相互差值应小于平均值的2%		核对试验报告、供货商工厂标准

续表

序号	监督项目	监督内容	权重	监 督 要 点	监督方式	监督方法
1.6.1	绕组直流电阻测量	试验结果判定	IV	②1600kVA 以上三相变压器，各相测得值的相互差值应小于平均值的 2%；线间测得值的相互差值应小于平均值的 1%	文件见证现场见证	核对试验报告、供货商工厂标准
1.6.2	电压比测量及联结组别标号检定	查看仪器仪表	II	变比电桥或电压比测量仪准确度不应低于 0.1 级	文件见证现场见证	核查试验方案，现场查看
		观察试验全过程	IV	电压比测量应分别在各组对绕组及各分接上进行		核查试验方案、供货商工厂标准并现场查看试验过程
		试验结果判定	IV	①额定分接电压比误差不得超过±0.5%，其他分接的电压比应在变压器阻抗电压值 1%内，但不得超过±1%		核对试验报告、供货商工厂标准
			IV	②联结组应符合投标技术规范要求		
1.6.3	绕组绝缘电阻测试	查看仪表仪器	I	绝缘电阻表的精度不应小于 1.5%。对电压等级 220kV 及以上且容量为 120MVA 及以上变压器，宜采用输出电流不小于 3mA 的绝缘电阻表，测量绕组的绝缘电阻应使用电压不低于 5000V，指示量限不小于 100GΩ 的绝缘电阻表或自动绝缘测试仪	文件见证现场见证	核查试验方案，现场查看
		观察测量绕组绝缘电阻	IV	测量每一绕组对地及其余绕组间 15s、60s 及 10min 的绝缘电阻值，并将测试温度下的绝缘电阻换算到 20℃进行比较，应符合投标技术规范要求		核查试验方案，供货商工厂标准，并现场查看试验过程
		试验结果判定	IV	吸收比不应低于 1.3 或极化指数不应低于 1.5。当绝缘电阻值大于 10000MΩ 时，吸收比和极化指数可仅供参考		核对试验报告、供货商工厂标准
1.6.4	介质损耗因数、电容测量	查看仪表仪器	I	试验电源的频率应为额定频率，其偏差不应大于±5%，电压波形应为正弦波	文件见证现场见证	核查试验方案，现场查看
		观察测量	IV	测量绕组连同套管对地及其余绕组间的介质损耗、电容值，同时记录变压器油温度		核查试验方案、供货商工厂标准，核对试验报告并现场查看试验过程

序号	监督项目	监督内容	权重	监 督 要 点	监督方式	监督方法
1.6.4	介质损耗因数、电容测量	试验结果判定	IV	将测试温度下的介质损耗换算到20℃，应符合投标技术规范要求，500kV的介质损耗≤0.005，220kV的介质损耗≤0.008	文件见证现场见证	核查试验方案、供货商工厂标准，核对试验报告并现场查看试验过程
1.6.5	空载试验	查看互感器、仪器	I	电流互感器和电压互感器的精度不应低于0.05级，且量程合适；应用高精度的功率分析仪	文件见证现场见证	核查试验方案，现场查看
		观察测量空载电流和空载损耗	II	①有剩磁影响测量数据时，应退磁后重新试验		核查试验方案、供货商工厂标准并现场查看试验过程
			IV	②读取1.0倍和1.1倍额定电压下空载电流和空载损耗值，应满足投标技术规范要求		
		观察测量伏安特性	IV	通常在绝缘强度试验前进行，施加的测试电压范围一般不应小于10%~115%额定电压		
		观察长时空载试验	IV	通常在绝缘强度试验后进行，施加1.1倍额定电压，持续12h，读取长时空载试验前后1.0倍和1.1倍额定电压下空载电流和空载损耗值，应满足投标技术规范中数值要求		
		观测电压电流的谐波	IV	试验应满足额定电压、额定频率或投标技术规范中的数值要求		
		试验结果判定	IV	绝缘强度试验前后和长时空载试验前后空载损耗、空载电流的实测值之间均不应有大的差别		核对试验报告、供货商工厂标准
1.6.6	短路阻抗和负载损耗测量	查看互感器、仪器	I	电流互感器和电压互感器的准确度不应低于0.05级，应用高精度的功率分析仪	文件见证现场见证	核查试验方案，现场查看
		观察最大容量绕组对间主分接的短路阻抗和负载损耗测量	IV	①应施加50%~100%的额定电流，三相变压器应以三相电流的算术平均值为基准		
			II	②试验测量应迅速进行，避免绕组发热影响试验结果		

序号	监督项目	监督内容	权重	监 督 要 点	监督方式	监督方法
1.6.6	短路阻抗和负载损耗测量	观察其他绕组对间及其他分接的短路阻抗和负载损耗测量	IV	容量不等的绕组对间施加电流以较小容量为准,短路阻抗则应换算到最大的额定容量,数值应符合投标技术规范	文件见证 现场见证	核查试验方案、供货商工厂标准,核对试验报告并现场查看试验过程
		试验结果判定	III	①在额定分接用不大于 400V 的电压做三相测试,测试值不应有明显差异		
			III	②在最高分接和最低分接用不大于 250V 的电压做单相测试,三相互比,测试值不应有明显差异		
1.6.7	操作冲击试验(SI)	查看试验装置、仪器及其接线,分压比	II	耐受电压按具有最高 U_m 值的绕组确定。其他绕组上的试验电压值尽可能接近其耐受值	文件见证 现场见证	核查试验方案,现场查看
		观察冲击波形及电压峰值	II	波前时间一般应不小于 100μs,超过 90%规定峰值时间至少为 200μs,从视在原点到第一个过零点时间应为 500μs~1000μs		核查试验方案、供货商工厂标准并现场查看试验过程
		观察冲击过程及顺序	II	试验顺序:一次降低试验电压水平(50%~75%)的负极性冲击,三次额定冲击电压的负极性冲击,每次冲击前应先施加幅值约 50%的正极性冲击以产生反极性剩磁		
		试验结果判定	IV	变压器无异常声响,示波图电压没有突降,电流也无中断或突变,电压波形过零时间与电流最大值时间基本对应		核对试验报告、供货商工厂标准
1.6.8	线端雷电全波、截波冲击试验(LI)	查看试验装置、仪器及其接线,分压比	I	试验应在两个极限分接和主分接进行,在每一相使用其中的一个分接进行试验	文件见证 现场见证	核查试验方案,现场查看
		观察冲击电压波形及峰值	IV	①全波:波前时间一般为 1.2μs±30%,半峰时间 50μs±20%,电压峰值允许偏差±3%,大容量产品根据标准可将波前时间放宽至小于 2.5μs 即可		核查试验方案、供货商工厂标准并现场查看试验过程
			IV	②截波:截断时间应在 2μs~6μs 之间,跌落时间一般不应大于 0.7μs,波的反极性峰值不应大于截波冲击峰值的 30%		

续表

序号	监督项目	监督内容	权重	监督要点	监督方式	监督方法
1.6.8	线端雷电全波、截波冲击试验(LI)	观察冲击过程及次、序	IV	①包括电压为 50%～75%全试验电压的一次冲击及其后的三次全电压冲击。必要时，全电压冲击后加做 50%～75%试验电压下的冲击，以便进行比较		
			IV	②截波冲击试验应插入雷电全波冲击试验的过程中进行，顺序：一次降低电压的全波冲击，一次全电压的全波冲击，一次或多次降低电压的截波冲击，两次全电压的截波冲击，两次全电压的全波冲击		
		试验结果判定	IV	变压器无异常声响，电压、电流无突变，且低电压冲击和全电压冲击波形无明显变化		核对试验报告、供货商工厂标准
1.6.9	中性点雷电全波冲击试验（LI）	查看试验装置、仪器及其接线，分压比	II	对于绕组带分接的变压器，当分接位于绕组中性点端子附近时，应选择具有最大匝数比的分接进行	文件见证现场见证	核查试验方案，现场查看
		观察冲击电压波形及峰值	IV	波形参数：波前时间允许最大达到13μs，半峰时间 50μs±20%		核查试验方案、供货商工厂标准并现场查看试验过程
		观察冲击过程及次序	IV	顺序：电压为 50%～75%全试验电压下的一次冲击及其后的三次全电压冲击		
		试验结果判定	IV	变压器无异常声响，在降低试验电压下冲击与全试验电压下冲击的示波图上电压和电流的波形无明显差异		核对试验报告、供货商工厂标准
1.6.10	外施工频耐压试验	查看试验装置、仪器及其接线，分压比	II	全电压试验值施加于被试绕组的所有连接在一起的端子与地之间，铁心、夹件及油箱连在一起接地	文件见证现场见证	核查试验方案，现场查看
		观察加压全过程	II	试验电压为峰值/$\sqrt{2}$，升压必须从零（或接近于零）开始，切不可冲击合闸。升压速度在 75%试验电压以前，可以是任意的，自75%电压开始应均匀升压，均以每秒 2%试验电压的速率升压。如无特殊说明，则持续60s。耐压试验后，迅速均匀降压到零（或接近于零），然后切断电源		核查试验方案、供货商工厂标准并现场查看试验过程

序号	监督项目	监督内容	权重	监督要点	监督方式	监督方法
1.6.10	外施工频耐压试验	试验结果判定	IV	试验中无破坏性放电发生，且耐压前后的绝缘电阻无明显变化，变压器无异常声响，电压无突降和电流无突变		核对试验报告、供货商工厂标准
1.6.11	带有局部放电测量的感应耐压试验 IVPD	查看试验装置、仪器及接线和互感器变比	II	高压引线侧应无晕化。波形尽可能为正弦波，试验电压测量应是测量电压峰值的 $1/\sqrt{2}$	文件见证现场见证	核查试验方案，现场查看
		观察并记录背景噪声	III	噪声水平应小于视在放电规定限值的一半		核查试验方案、供货商工厂标准并现场查看试验过程
		观察电压、方波校准	II	①合理选择相匹配的分压器和峰值表，电压校核应到额定耐受电压的 50% 以上		
			II	②每个测量端子都应校准；同时记录端子间传输比		
		观察感应电压频率及峰值	IV	①合理选择相匹配的分压器和峰值表		
			IV	②电压偏差在 ±3% 以内		
			IV	③频率应接近选择的额定值		
		观察感应耐压全过程	II	按规定的时间顺序施加试验电压		
		观察局部放电测量	II	①若放电量随时间递增，则应延长 U_2 的持续时间观察。0.5h 内不增长可视为平稳		
			IV	②在 U_2 下的长时试验期间的局部放电量及其变化，并记录起始放电电压和放电熄灭电压		
		试验结果判定	IV	变压器无异常声响，试验电压无突降现象，视在放电量趋势平稳且放电量的连续水平不大于 100pC 或符合投标技术文件		核对试验报告、供货商工厂标准
1.6.12	绝缘油试验	击穿电压（kV）	IV	500kV：≥60；220kV：≥40	文件见证现场见证	核查试验方案、供货商工厂标准，核对试验报告并现场查看试验过程
		水分（mg/L）	IV	500kV：≤10；220kV：≤15		

序号	监督项目	监督内容	权重	监 督 要 点	监督方式	监督方法
1.6.12	绝缘油试验	介质损耗因数 tanδ（90℃）	IV	≤0.005	文件见证 现场见证	核查试验方案、供货商工厂标准，核对试验报告并现场查看试验过程
		闪点（闭口）（℃）	IV	DB：≥135		
		界面张力（mN/m，25℃）	IV	≥35		
		酸值（mgKOH/g）	IV	≤0.03		
		水溶性酸 pH 值	IV	>5.4		
		油中颗粒度	IV	500kV：大于 5μm 的颗粒度≤2000/100mL		
		体积电阻率（Ω·m，90℃）	IV	≥6×10^{10}		
		含气量（V/V，%）	IV	500kV≤1		
		糠醛（mg/L）	IV	<0.05		
		腐蚀性硫	IV	非腐蚀性		
		结构簇	IV	应提供绝缘油结构簇组成报告		
		T501 等检测报告	IV	对 500kV 及以上电压等级的变压器还应提供 T501 等检测报告		
1.6.13	油中含气体分析	观察采样	II	①至少应在如下各时点采样分析：试验开始前，绝缘强度试验后，温升试验开始前、中（每隔 4h）、后，出厂试验全部完成后，发运放油前	文件见证 现场见证	核查试验方案、供货商工厂标准，并现场查看试验过程
			IV	②留存有异常的分析结果，记录取样部位		
		试验结果判定	IV	油中气体含量应符合以下标准：氢气<10μL/L，乙炔 0.1μL/L，总烃<20μL/L		核对试验报告、供货商工厂标准
1.6.14	有载分接开关试验	观察开关安装检查	IV	①切换机构、选择器和电动机构连接后，手摇操作若干个循环（从初始分接到分接范围的一端，再到另一端，并然后返回到初始分接为一个循环），校验其正反调时的对称性和调到极限位置后的机械限位	文件见证 现场见证	核查试验方案、供货商工厂标准，核对试验报、外购件供货商检验报告并现场查看试验过程

续表

序号	监督项目	监督内容	权重	监 督 要 点	监督方式	监督方法
1.6.14	有载分接开关试验	观察开关安装检查	IV	②分接开关本体上的挡位指示和电动机构箱上的挡位指示一致	文件见证 现场见证	核查试验方案、供货商工厂标准，核对试验报、外购件供货商检验报告并现场查看试验过程
		观察电动操作试验和过渡电阻	IV	以下操作的动作顺序、切换时间、切换位置应正确。 ①变压器不励磁，用额定操作电压电动操作 8 个循环，然后将操作电压降到其额定值 85%，操作一个循环。 ②在变压器空载电压下，电动操作一个循环。 ③在变压器额定电流下，在主分接两侧的各两个分接内，操作 10 次分接变换。 ④过渡电阻应符合投标技术文件	文件见证 现场见证	核查试验方案、供货商工厂标准，核对试验报、外购件供货商检验报告并现场查看试验过程
		观测辅助线路绝缘	IV	辅助线路应承受 2kV、1min 对地外施耐压试验		
		观察切换开关油室密封	IV	切换开关油室应能经受 0.1MPa 压力的油压试验，历时 12h 无渗漏。油箱绝缘油耐压、油中水分值与本体油一致		
1.6.15	套管电流互感器试验	观察试验查看记录	III	①互感器装入升高座并接好引出线后进行试验	现场见证	核查试验方案，并现场查看
			I	②制造厂提供的检验报告已完全满足订货技术协议书的要求时，变压器出厂试验对套管电流互感器可只进行变比、耐压、极性、直流电阻和绝缘试验测试，结果应满足投标技术规范书要求		核对试验报告、供货商工厂标准、外购件供货商检验报告
1.6.16	温升试验	观测环境温度	II	记录测温计的布置	文件见证 现场见证	核查试验方案，现场查看
		观测油温	II	注意测温计的校验记录和测点布置		
		观察通流升温过程	III	①选在最大电流分接上进行，施加的总损耗应空载损耗与最大负载损耗之和		核查试验方案，供货商工厂标准，并现场查看试验过程
			III	②当顶层油温升的变化率小于 1K/h，并维持 3h 时，取最后 1h 内的平均值为顶层油温		

续表

序号	监督项目	监督内容	权重	监督要点	监督方式	监督方法
1.6.16	温升试验	观察通流升温过程	III	③以红外热成像仪检测油箱壁温、升高座附近，应无局部过热	文件见证 现场见证	核查试验方案,供货商工厂标准,并现场查看试验过程
			III	④对于多种组合冷却方式的变压器,进行各种冷却方式下的温升试验。监视电流表的读数,应与最大总损耗对应		
		观测绕组电阻	IV	①顶层油温升测定后,应立即将试验电流降低到该分接对应的额定电流,继续试验1h,1h终了时,应迅速切断电源和打开短路线,测量两侧绕组中间相的电阻（最好是三相同时测）		
			III	②监视热电阻的测量并记录相关数据		
		查看绕组温度推算	III	①采用外推法或其他方法求出断电瞬间绕组的电阻值,根据该值计算绕组的温度		核对试验报告、供货商工厂标准
			III	②绕组的温度值应加上油温的降低值,并减去施加总损耗末了时的冷却介质温度,即是绕组平均温升		
			III	③比较各绕组的温升曲线和温升值		
		试验结果判定	IV	变压器各部件的温升应符合投标技术规范		
1.6.17	声级测量	观察试验全过程	IV	①变压器在额定分接施加额定电压,在距变压器本体基准发射面0.3m处,于1/3、2/3变压器高度处用声级计测量变压器A计权声压级,各测量点间距不大于1.0m。0.3m处声级≤70dB（A）	文件见证 现场见证	核查试验方案、供货商工厂标准,核对试验报告,并现场查看试验过程
			IV	②开启正常运行时的冷却装置,在距变压器本体基准发射面2.0m处,于1/3、2/3变压器高度处,用声级计测量变压器A计权声压级,各测量点间距不大于1.0m。2.0m处声级≤70dB（A）或满足技术协议要求		
			IV	③试验前后,应测量背景声级		

续表

序号	监督项目	监督内容	权重	监 督 要 点	监督方式	监督方法
1.6.18	线端交流耐压试验（LTAC）	查看试验装置、仪器及其接线	II	试验时，应使线端与地之间出现规定的电压	文件见证现场见证	核查试验方案，现场查看
		观察试验全过程	IV	除非另有规定，当试验电压频率等于或小于 2 倍额定频率时，其全电压下的试验时间应为 $60s_0$ 当试验频率超过 2 倍额定频率时，试验时间应为 $12\times$额定频率/试验频率但不少与 15s，试验应在不大于规定试验电压的 1/3 电压下接通电源，并应与测量配合尽快升至试验电压值。施加电压达到规定的时间后，应将电压迅速降至试验电压的 1/3 以下，然后切断电源		核查试验方案、供货商工厂标准并现场查看试验过程
		试验结果判定	IV	试验电压无突降现象，则试验通过		核对试验报告、供货商工厂标准
1.6.19	长时过电流试验	观测环境温度	II	记录测温计的布置	文件见证现场见证	核查试验方案，现场查看
		观测油温	II	注意测温计的校验纪录和测点布置		
		观察通流升温过程	IV	1.1 倍额定电流下，持续运行 4h		核查试验方案、供货商工厂标准、核对试验报告并现场查看试验过程
		试验结果判定	IV	色谱分析结果、红外热像检测应符合投标技术规范		
1.6.20	绕组频响特性测量	比较绕组间频率响应特性曲线	IV	①同一电压等级三相绕组的频率响应特性曲线应能基本吻合	文件见证现场见证	核查试验方案、供货商工厂标准，核对试验报告，并现场查看试验过程
			IV	②保存每个绕组的波形图。三相绕组频响数据曲线纵向、横向以及综合比较的相关系数显示无明显变形		
1.6.21	无励磁分接开关试验（适用于电动操做机构）	无励磁分接开关操作试验	IV	用额定操作电压电动操作 2 个循环，然后将操作电压降到其额定值 85%，操作一个循环；切换过程无异常，电气及机械限位动作正确	文件见证现场见证	核查试验方案、供货商工厂标准，核对试验报告，并现场查看试验过程
		辅助线路绝缘试验	IV	辅助线路应承受 2kV、1min 对地外施耐压试验		
1.6.22	变压器压力密	观察试验全过程	II	①此项试验应在装好全部附件后进行	文件见证	核查试验方案，供货商工厂标准、

序号	监督项目	监督内容	权重	监 督 要 点	监督方式	监督方法
	封试验		II	②密封性试验应将供货的散热器（冷却器）安装在变压器上进行试验	现场见证	核对试验报告并现场查看试验过程
			II	③试验方法和施加压力值，按合同技术协议和工艺文件要求		
		试验结果判定	IV	油箱不得有损伤和不允许的永久变形，试验过程中要随时检查压力表的压力是否下降，油箱及其充油组件表面是否渗漏油，重点检查焊缝和密封面的渗漏油情况		
1.6.23	套管试验	观察试验全过程	IV	①局部放电量在 $1.5U_\mathrm{m}/\sqrt{3}$ kV 下不超过 10pC	文件见证现场见证	核查试验方案、供货商工厂标准，核对试验报告、外购件供货商检验报告并现场查看试验过程
			IV	②测量电容式套管的绝缘电阻，电容量和介质损耗因数；套管安装到变压器上后，测量 10kV 电压下介质损耗因数及电容量，介质损耗因数符合 500kV：$\tan\delta\leqslant0.5\%$；220kV：$\tan\delta\leqslant0.7\%$		
			IV	③应提供套管油的化学和物理以及油色谱的试验数据，其油中水分不大于 10mg/L		
			IV	④套管试验抽头应能承受至少 2000V、1min 交流耐压试验		
1.6.24	铁心、夹件绝缘试验	观察试验全过程	IV	①在组装前，应测量铁心的绝缘电阻	文件见证现场见证	核查试验方案，供货商工厂标准并现场查看试验过程
			IV	②变压器组装完毕，油箱注油前，应测量铁心绝缘电阻		
			IV	③在总体试验之后装运之前应测铁心绝缘电阻		
			IV	④测量铁心对夹件及地、夹件对铁心及地的绝缘电阻，测量应使用 2500V 绝缘电阻表，绝缘电阻不应小于 1000MΩ		核对试验报告、供货商工厂标准

1.7　油浸式变压器出厂验收监督要点

序号	监督项目	监督内容	权重	监 督 要 点	监督方式	监督方法
1.7.1	预装	组部件装配情况	II	①所有组部件应按实际供货件装配完整	现场见证	对照设计图纸和工艺文件要求，现场查看
			II	②主要附件（套管、冷却装置、导油管等）在出厂时均应按实际使用方式经过整体预装		
1.7.2	防雨罩	户外变压器的气体继电器（本体、有载开关）、温度计、油位计、防雨罩安装情况	II	户外变压器的气体继电器（本体、有载开关）、油流速动继电器、温度计均应装设防雨罩，继电器本体及二次电缆进线 50mm 应被遮蔽，45°向下雨水不能直淋。二次电缆应采取防止雨水顺电缆倒灌的措施（如反水弯）	现场见证	现场查看
1.7.3	标志	各类组部件标志情况	II	①阀应有开关位置指示标志	现场见证	对照设计图纸和工艺文件要求，现场查看
			II	②取样阀、注油阀、放油阀等均应有功能标志		
			II	③端子箱、冷却装置控制箱内各空气开关、继电器（二次元件）标志正确、齐全		
			II	④铁心、夹件标示正确		
			II	⑤生产厂家应明确套管最大取油量，避免因取油样而造成负压		
1.7.4	组部件	部件铭牌内容及各部件接地情况	II	①产品与技术规范书或技术协议中厂家、型号、规格一致	文件见证　现场见证	查看技术协议（投标文件），对照设计图纸的要求，查验生产厂质量保证书，查看实物
			II	②主要元器件应短路接地：钟罩或桶体、储油柜、套管、升高座、端子箱等附件均应短接接地，采用软导线连接的两侧以线鼻压接	现场见证	对照设计图纸和工艺文件要求，现场查看
1.7.5	铭牌	铭牌完整情况	I	①变压器主铭牌内容完整正确、油号标志正确	现场见证	对照招标文件和出厂试验报告，现场查看
			I	②油温油位曲线标志牌完整		现场查看
			I	③套管、压力释放阀等其他附件铭牌齐全		现场查看

序号	监督项目	监督内容	权重	监督要点	监督方式	监督方法
1.7.6	螺丝	螺丝选用情况	II	①全部紧固螺丝均应采用热镀锌螺丝，具备防松动措施	文件见证 现场见证	对照设计图纸和工艺文件要求，现场查看
			II	②导电回路应采用8.8级热镀锌螺丝(不含箱内)		查看制造厂的入厂检验报告，现场核对实物
1.7.7	软连接	软连接部位	II	①铁心、夹件小套管等引出线部位需采用软连接	现场见证	对照设计图纸和工艺文件要求，现场查看
			II	②冷却器与本体、气体继电器与储油柜之间连接的波纹管，两端口同心偏差不应大于10mm		

1.8 油浸式变压器金属监督要点

序号	监督项目	监督内容	权重	监督要点	监督方式	监督方法
1.8.1	波纹储油柜	不锈钢芯体材质	IV	波纹储油柜的不锈钢心体材质应为奥氏体型不锈钢	现场抽检	每个工程所有变压器100%检测
1.8.2	防雨罩	材质	IV	防雨罩材质应为06Cr19Ni10的奥氏体不锈钢或耐蚀铝合金	现场抽检	每个工程抽检1～3件
		厚度	IV	公称厚度不小于2mm。当防雨罩单个面积小于$1500cm^2$，公称厚度不应小于1mm	现场抽检	每个工程抽检1～3件
1.8.3	壳体防腐涂层	外观	III	防腐涂层表面应平整、均匀一致，无漏涂、起泡、裂纹、气孔和返锈等现象，允许轻微橘皮和局部轻微流挂	现场抽检	每个工程抽检1～3处进行目视检测
		厚度及附着力	IV	油箱、储油柜、散热器等壳体的防腐涂层应满足腐蚀环境要求，其涂层厚度不应小于120μm	现场抽检	每个工程抽检1～3处,每处检测5点
		材质	IV	重腐蚀环境散热片表面应采用锌铝合金镀层防腐	现场抽检	每个工程抽检1～3处,每处检测3点

序号	监督项目	监督内容	权重	监 督 要 点	监督方式	监督方法
1.8.4	套管	套管支撑板材质	IV	套管支撑板（如法兰）等有特殊要求的部位，应使用非导磁材料或采取可靠措施，避免形成闭合磁路	现场抽检	每个工程抽检1～3件进行材质检测
		套管接线端子（抱箍线夹）材质	IV	套管接线端子（抱箍线夹）铜含量应不低于80%	现场抽检	每个工程抽检3～5件进行材质检测
1.8.5	紧固件	紧固件镀层	III	导电回路应采用8.8级热镀锌螺丝（不含箱内），接线端子等导流部件用紧固热镀锌螺栓、螺母及垫片镀锌层平均厚度不应小于50μm，局部最低厚度不应小于40μm	现场抽检	每种规格的螺栓、螺母及垫片随机抽取1～3件进行检测
1.8.6	控制箱和端子箱	材质	IV	控制箱和端子箱材质应为O6Cr19Ni10的奥氏体不锈钢或耐蚀铝合金，不能使用2系或7系铝合金	现场抽检	每个工程抽取1件进行检测，每件逐面进行检测
		厚度	IV	公称厚度不应小于2mm，厚度偏差应符合GB/T 3280的规定，如采用双层设计，其单层厚度不得小于1mm	现场抽检	每个工程抽取1件进行检测，每个箱体正面、反面、侧面各选择不少于3个点检测
1.8.7	黄铜阀门	材质	IV	黄铜阀门铅含量不应超过3%	现场抽检	每个工程抽检1～3件进行检测
1.8.8	铜（导）线	材质	IV	变压器套管、升高座、带阀门的油管等法兰连接面跨接软铜线，铁心、夹件接地引下线，纸包铜扁线，换位导线及组合导线，以上部件铜含量不应低于99.9%	现场抽检	每个工程抽检3～5件进行材质检测

第2章 油浸式电抗器技术监督设备监造项目

油浸式电抗器技术监督设备监造项目、监督内容、权重及监督方式见表2-1。

表 2-1 油浸式电抗器技术监督设备监造项目

序号	监造项目		监督内容	权重	监督方式	
1	钢材、焊接材料		钢材	I	文件见证	现场见证
2			焊接材料	I	文件见证	现场见证
3	油箱制作	焊装质量	焊接质量	III	文件见证	现场见证
4			箱沿、升高座法兰、联管法兰等法兰连接处密封面	II	文件见证	现场见证
5			箱沿与箱壁垂直度	II	文件见证	现场见证
6			箱内壁平整度	II	文件见证	现场见证
7			屏蔽质量	III	文件见证	现场见证
8			外部质量	II	文件见证	现场见证
9		油箱整体要求	油箱内部清洁度	II		现场见证
10			箱顶导气管沿气体继电器气流方向	III		现场见证
11			法兰密封面连接	II		现场见证
12			配装质量检查	II		现场见证
13		油箱试验	油箱机械强度试验	III	文件见证	现场见证
14			油箱气压试漏试验	III	文件见证	现场见证
15			波纹芯体试漏试验	III	文件见证	现场见证
16		喷漆质量	漆膜颜色、厚度	II	文件见证	现场见证

续表

序号	监 造 项 目		监 督 内 容	权重	监 督 方 式	
17	铁心制作	硅钢片	型号、生产厂家、性能指标	I	文件见证	现场见证
18		铁心片剪切	横向剪切、纵向剪切	II	文件见证	现场见证
19		铁心饼制作	磨平	II	文件见证	现场见证
20			清洁度检查	I		现场见证
21		铁心叠片	窗宽测量	I	文件见证	现场见证
22		铁心装配	叠片对角线测量	I	文件见证	现场见证
23			铁心垂直度	II	文件见证	现场见证
24			穿心螺杆的安装	II	文件见证	现场见证
25			屏蔽帽装配	II	文件见证	现场见证
26			铁心端面涂绝缘清漆	II	文件见证	现场见证
27			油道间绝缘电阻	III	文件见证	现场见证
28	线圈制作	电磁线及绝缘材料	电磁线	I	文件见证	现场见证
29			绝缘材料	II	文件见证	现场见证
30		线圈绕制	工作环境	I	文件见证	现场见证
31			幅向尺寸	II	文件见证	现场见证
32			线圈内径	II	文件见证	现场见证
33			导线换位处理	III		现场见证
34			静电板放置	II	文件见证	现场见证
35			导油板放置	II	文件见证	现场见证
36			导线焊接	III		现场见证

序号	监 造 项 目		监 督 内 容	权重	监 督 方 式	
37	线圈制作	线圈组装	线圈压装整理	III	文件见证	现场见证
38			线圈导通测量	III	文件见证	现场见证
39			垫块间距	II	文件见证	现场见证
40			撑条垂直度	II	文件见证	现场见证
41			线圈出头位置偏差	II	文件见证	现场见证
42			线圈出头绑扎	II	文件见证	现场见证
43			线圈匝间绝缘	II		现场见证
44			线圈出头屏蔽及绝缘包扎	III	文件见证	现场见证
45			端圈放置	II	文件见证	现场见证
46			线圈清洁度	I		现场见证
47			导线出头脱漆检查	II	文件见证	现场见证
48	器身装配	装配准备	工作环境	I	文件见证	现场见证
49	器身装配	铁心饼装配	铁心饼装配	II	文件见证	现场见证
50			下部绝缘、磁屏蔽装配	III	文件见证	现场见证
51			铁心饼一次加压	III	文件见证	现场见证
52		绝缘装配	围心柱地屏	II		现场见证
53			线圈整理	II	文件见证	现场见证
54			围线圈的纸筒、放撑条、下部端绝缘和角环	II	文件见证	现场见证
55			套装线圈	II	文件见证	现场见证
56			上部绝缘及压板装配	II	文件见证	现场见证

续表

序号	监造项目		监督内容	权重	监督方式	
57	器身装配	铁心插板	铁心饼二次加压	III	文件见证	现场见证
58			上铁轭插板	II		现场见证
59			上铁轭装配	II		现场见证
60		铁心绝缘电阻测量	铁心对夹件	III	文件见证	现场见证
61			铁心对穿心螺杆	III	文件见证	现场见证
62		装配后检查	上部紧固件	II	文件见证	现场见证
63			零部件安装	II	文件见证	现场见证
64			接地系统装配	III	文件见证	现场见证
65			完工清理、吸尘	II		现场见证
66		引线装配	引线出头连接	II	文件见证	现场见证
67			引线出头屏蔽及绝缘包扎	III	文件见证	现场见证
68			引线对各处的绝缘距离	II	文件见证	现场见证
69		完工检查	铁心对夹件阻值	III	文件见证	现场见证
70			器身清洁度	II		现场见证
71	总装配	组件准备	套管	III	文件见证	现场见证
72			片式散热器、强油循环风冷却器	III	文件见证	现场见证
73			储油柜	III	文件见证	现场见证
74			气体继电器	III	文件见证	现场见证
75			三维冲击查看仪	II	文件见证	现场见证
76			压力释放阀	II	文件见证	现场见证

序号	监造项目		监督内容	权重	监督方式	
77	总装配	组件准备	吸湿器	II	文件见证	现场见证
78			蝶阀、闸阀及球阀	II	文件见证	现场见证
79			测温装置	II	文件见证	现场见证
80			电抗器其他装配附件	II	文件见证	现场见证
81		油箱准备	油箱及盖板检查	I		现场见证
82			油箱屏蔽	II	文件见证	现场见证
83			油箱磁屏蔽接地片与接地板	II		现场见证
84		真空干燥后的器身整理	器身检查	III	文件见证	现场见证
85			器身紧固	II	文件见证	现场见证
86			测量铁心对夹件电阻值	III	文件见证	现场见证
87		器身下箱	器身定位	II		现场见证
88			绝缘电阻测量	III	文件见证	现场见证
89			油箱壁纸板安装	II	文件见证	现场见证
90		电抗器附件装配	升高座	II	文件见证	现场见证
91			套管、引线连接	III	文件见证	现场见证
92			引线	II	文件见证	现场见证
93			储油柜装配	III	文件见证	现场见证
94			铁心夹件接地线	II	文件见证	现场见证
95		整体试漏	油箱表面是否存在渗漏	III	文件见证	现场见证
96	出厂试验	绕组直流电阻测量	查看仪器仪表	I	文件见证	现场见证
97			观察电阻测量	IV	文件见证	现场见证

续表

序号	监　造　项　目		监　督　内　容	权重	监督方式	
98		绕组绝缘电阻测试	查看仪表仪器	I	文件见证	现场见证
99			观察测量绕组绝缘电阻	IV	文件见证	现场见证
100			核算吸收比和极化指数	IV	文件见证	现场见证
101		介质损耗因数、电容测量	查看仪表仪器	I	文件见证	现场见证
102			观察测量	IV	文件见证	现场见证
103		电抗和损耗测量	查看仪器仪表	I	文件见证	现场见证
104			观察试验全过程	II	文件见证	现场见证
105			试验结果判定	IV	文件见证	现场见证
106	出厂试验	操作冲击试验（SI）	查看试验装置、仪器及其接线，分压比	II	文件见证	现场见证
107			观察冲击波形及电压峰值	II	文件见证	现场见证
108			观察冲击过程及顺序	II	文件见证	现场见证
109			试验结果判定	IV	文件见证	现场见证
110		线端雷电全波、截波冲击试验（LI）	观察冲击电压波形及峰值	I	文件见证	现场见证
111			观察冲击过程及次、序	IV	文件见证	现场见证
112			试验结果判定	IV	文件见证	现场见证
113		外施工频耐压试验	查看试验装置、仪器及其接线，分压比	II	文件见证	现场见证
114			观察加压全过程	II	文件见证	现场见证
115			试验结果判定	IV	文件见证	现场见证
116		带有局部放电测量的感应耐压试验 IVPD	查看试验装置、仪器及接线和互感器变比	II	文件见证	现场见证
117			观察并记录背景噪声	III	文件见证	现场见证

续表

序号	监 造 项 目		监 督 内 容	权重	监 督 方 式	
118		带有局部放电测量的感应耐压试验 IVPD	观察电压、方波校准	II	文件见证	现场见证
119			观察感应电压频率及峰值	IV	文件见证	现场见证
120			观察感应耐压全过程	IV	文件见证	现场见证
121			观察局部放电测量	II	文件见证	现场见证
122			试验结果判定	IV	文件见证	现场见证
123	出厂试验	绝缘油试验	击穿电压（kV）	IV	文件见证	现场见证
124			水分（mg/L）	IV	文件见证	现场见证
125			介质损耗因数 $\tan\delta$（90℃）	IV	文件见证	现场见证
126			闪点（闭口，℃）	IV	文件见证	现场见证
127			界面张力（25℃，mN/m）	IV	文件见证	现场见证
128			酸值（mgKOH/g）	IV	文件见证	现场见证
129			水溶性酸 pH 值	IV	文件见证	现场见证
130			油中颗粒度	IV	文件见证	现场见证
131			体积电阻率（90℃，Ω·m）	IV	文件见证	现场见证
132			含气量（V/V，%）	IV	文件见证	现场见证
133			糠醛（mg/L）	IV	文件见证	现场见证
134			腐蚀性硫	IV	文件见证	现场见证
135			结构簇	IV	文件见证	现场见证
136			T501 等检测报告	IV	文件见证	现场见证
137		油中含气体分析	观察采样	IV	文件见证	现场见证
138			查看色谱分析报告	IV	文件见证	现场见证

续表

序号	监造项目		监督内容	权重	监督方式	
139	出厂试验	套管电流互感器试验	观察试验查看记录	III		现场见证
140		整体密封试验	观察试验全过程	II	文件见证	现场见证
141			试验结果判定	IV	文件见证	现场见证
142		温升试验	观测环境温度	II	文件见证	现场见证
143			观测油温	II	文件见证	现场见证
144			观察通流升温过程	III	文件见证	现场见证
145			观测绕组电阻	IV	文件见证	现场见证
146			查看绕组温度推算	III	文件见证	现场见证
147		声级测量	观察试验全过程	IV	文件见证	现场见证
148		振动测量	观察试验全过程	IV	文件见证	现场见证
149		谐波电流测量	查看试验接线、测试仪器、观察试验过程	IV	文件见证	现场见证
150		绕组频响特性测量	比较频率响应特性曲线	IV	文件见证	现场见证
151		套管试验	观察试验全过程	IV	文件见证	现场见证
152		铁心、夹件绝缘试验	观察试验全过程	IV	文件见证	现场见证
153	出厂验收	预装	组部件装配情况	II		现场见证
154		防雨罩	户外电抗器的气体继电器（本体）、温度计、油位计、防雨罩安装情况	II		现场见证
155		标志	各类组部件标志情况	II		现场见证
156		组部件	部件铭牌内容及各部件接地情况	II	文件见证	现场见证
157		铭牌	铭牌完整情况	I		现场见证
158		螺丝	螺丝选用情况	II		现场见证
159		软连接	软连接部位	II		现场见证

序号	监造项目		监督内容	权重	监督方式
160	金属	波纹储油柜	不锈钢心体材质	IV	现场抽检
161		防雨罩	材质	IV	现场抽检
162			厚度	IV	现场抽检
163		壳体防腐涂层	外观	III	现场抽检
164			厚度及附着力	IV	现场抽检
165			材质	IV	现场抽检
166		套管	套管支撑板材质	IV	现场抽检
167			套管接线端子（抱箍线夹）材质	IV	现场抽检
168		紧固件	紧固件镀层	III	现场抽检
169			紧固件材质	IV	现场抽检
170		控制箱和端子箱	材质	IV	现场抽检
171			厚度	IV	现场抽检
172		黄铜阀门	材质	IV	现场抽检
173		铜（导）线	材质	IV	现场抽检

2.1 油浸式电抗器油箱制作监督要点

序号	监督项目	监督内容	权重	监督要点	监督方式	监督方法
2.1.1	钢材、焊接材料	钢材	I	规格、厚度和设计应相符，表观质量合格	文件见证现场见证	查验原厂质量保证书，查看入厂检验报告，查看实物
		焊接材料	I	规格、材质和工艺要求相符		

续表

序号	监督项目	监督内容	权重	监督要点	监督方式	监督方法
2.1.2	焊装质量	焊接质量	II	①焊缝饱满，无缝无孔、无焊瘤、无夹渣	现场见证	对照设计图纸和工艺文件要求，观察实际焊接操作，查看探伤报告，查看投标文件按（技术协议），现场查看
			II	②密封焊缝应满足设计图纸和工艺文件要求	文件见证现场见证	
			III	③钢板拼接焊缝进行无损探伤，应满足焊接质量要求	现场见证	
		箱沿、升高座法兰、联管法兰等法兰连接处密封面	II	密封面平整度应符合设计图纸和工艺文件要求	文件见证现场见证	对照设计图纸和工艺文件要求，查看现场实测值
		箱沿与箱壁垂直度	II	垂直度偏差应符合设计图纸和工艺文件要求		
		箱内壁平整度	II	非屏蔽部位、磁屏蔽部位、电屏蔽部位平整度应符合设计图纸和工艺文件要求		
		屏蔽质量	II	磁屏蔽应安装规整，电屏蔽应焊接良好		
		外部质量	II	气割端面应打磨光滑		
2.1.3	油箱整体要求	油箱内部清洁度	II	①磨平油箱内壁的尖角毛刺、焊瘤和飞溅物，确保内壁光洁	现场见证	对照工艺文件要求，现场查看
			II	②清除油箱内部焊渣等金属和非金属异物，特别是喷丸处理过程中可能存留的钢砂		
		箱顶导气管沿气体继电器气流方向	III	箱顶导气管沿气体继电器气流方向应有 1%～1.5%的升高坡度	现场见证	对照设计图纸和工艺文件要求，查看现场实测值
		法兰密封面连接	II	法兰密封面连接应正确配合，无渗漏		
		配装质量检查	II	油箱的全部焊接附件应进行预组装		
2.1.4	油箱试验	油箱机械强度试验	III	66kV、220kV 及 500kV 的电抗器油箱应具有能承受住真空度为 133Pa 和 0.1MPa 机械强度能力	文件见证现场见证	对照工艺文件要求，查看试验报告，查看投标文件（技术协议），现场查看

续表

序号	监督项目	监督内容	权重	监 督 要 点	监督方式	监督方法
2.1.4	油箱试验	油箱气压试漏试验	III	焊接完成后应按工艺文件要求进行正压气压试漏试验，保证油箱密封焊缝良好	文件见证 现场见证	对照工艺文件要求，查看试验报告，现场查看
		波纹芯体试漏试验	III	①波纹芯体在高度（长度）限位的情况下，充气加压 50kPa，持续 15min 不应有渗漏，压力解除后不应有永久变形	文件见证 现场见证	对照工艺文件要求，查看试验报告，现场查看
			III	②波纹芯体在闭合高度下能承受真空度不大于 50Pa，充气加压 50kPa，持续 30min 的密封试验，观察真空表压力回升应小于 70Pa，压力解除后不应有永久变形	文件见证 现场见证	对照工艺文件要求，查看试验报告，现场查看
2.1.5	喷漆质量	漆膜颜色、厚度	II	油箱漆膜颜色和厚度应符合设计图纸和工艺文件要求	文件见证 现场见证	对照设计图纸和工艺文件要求，查看现场实测值

2.2 油浸式电抗器铁心制作监督要点

序号	监督项目	监督内容	权重	监 督 要 点	监督方式	监督方法
2.2.1	硅钢片	型号、生产厂家、性能指标	I	型号和厂家应与技术协议（投标文件）相符，断面、表面要求无缺损、锈蚀、毛边和异物	文件见证 现场见证	查验原厂出厂文件（质保单、检验报告等），查看实物
2.2.2	铁心片剪切	横向剪切、纵向剪切	II	波浪度（浪高、浪距、波浪数量）、剪切毛刺、铁心片厚度偏差、斜边长度偏差、铁心长度偏差应符合工艺文件要求	文件见证 现场见证	对照工艺文件要求，查看现场实测值
2.2.3	铁心饼制作	磨平	II	高度公差、平面度、铁心饼直径公差、外径公差应符合工艺要求	文件见证 现场见证	对照设计图纸和工艺文件要求，查看现场实测值
		清洁度检查	II	应清洁，无胶瘤、无异物，树脂无气泡	现场见证	对照工艺文件要求，现场查看
2.2.4	铁心叠片	窗宽测量	I	铁心窗宽间距偏差应符合设计图纸和工艺要求	文件见证 现场见证	对照设计图纸和工艺文件要求，查看现场实测值

续表

序号	监督项目	监督内容	权重	监 督 要 点	监督方式	监督方法
2.2.5	铁心装配	叠片对角线测量	I	测量铁心叠片对角线，尺寸偏差应符合设计图纸和工艺要求	文件见证 现场见证	对照设计图纸和工艺要求，查看现场实测值
		铁心垂直度	II	垂直度应符合设计图纸和工艺文件要求		
		穿心螺杆的安装	III	①500V 或 1000V 绝缘电阻表测量对铁心间绝缘电阻，应大于 0.5MΩ		
			II	②紧固件装配符合设计图纸要求		
		屏蔽帽装配	II	应按设计图纸位置装配，确认螺栓紧固、屏蔽帽装配完好	文件见证 现场见证	对照设计图纸和工艺要求，现场查看
		铁心端面涂绝缘清漆	I	漆膜应完整，无露底、漏涂和漆瘤等现象	现场见证	对照工艺文件要求，现场查看
		油道间绝缘电阻	III	打开各连接片，逐个油道检查，无通路现象	文件见证 现场见证	对照工艺文件要求，查看试验报告，查看现场实测值

2.3 油浸式电抗器线圈制作监督要点

序号	监督项目	监督内容	权重	监 督 要 点	监督方式	监督方法
2.3.1	电磁线及绝缘材料	电磁线	I	①产品型号、规格、厂家应符合技术协议（投标文件）要求	文件见证 现场见证	查看技术协议（投标文件），对照设计图纸的要求，查验生产厂质量保证书，查看制造厂入厂检验文件，查看实物
			I	②产品应具备合格的出厂质量证书、合格证、试验报告		
		绝缘材料	II	无尖角、毛刺，无粉尘、异物，无破损，不得起层、开胶，尺寸等应符合设计图纸和工艺文件要求		
2.3.2	线圈绕制	工作环境	I	应监测温度、湿度、降尘量应符合工艺文件要求	文件见证 现场见证	查看现场实测值

续表

序号	监督项目	监督内容	权重	监 督 要 点	监督方式	监督方法
2.3.2	线圈绕制	辐向尺寸	II	线圈辐向尺寸偏差应符合设计图纸和工艺文件要求	文件见证 现场见证	对照设计图纸和工艺文件要求，查看现场实测值
		线圈内径	II	线圈内径尺寸应符合设计图纸和工艺文件要求		
		导线换位处理	III	S弯换位平整、导线无损伤，无剪刀位，导线换位部分的绝缘处理良好，换位S弯两端不应进入垫块	现场见证	对照设计图纸和工艺文件要求，现场查看
		静电板放置	II	覆盖线段尺寸偏差应符合设计图纸和工艺文件要求	文件见证 现场见证	对照设计图纸和工艺文件要求，查看现场实测值
		导油板放置	II	导油板放置应符合设计图纸和工艺文件要求	文件见证 现场见证	对照设计图纸和工艺文件要求，现场查看
		导线焊接	III	①导线焊接牢固，焊料填充饱满，表面处理光滑，无尖角毛刺，无错边	现场见证	对照工艺文件要求，现场查看
			III	②导线焊接处绝缘包扎到原绝缘厚度，包扎紧实平整		
2.3.3	线圈组装	线圈压装整理	III	确认实际操作压力、加压方式应符合工艺文件要求	文件见证 现场见证	对照工艺文件要求，查看现场实测值
		线圈导通测量	III	单根导线应无断路，导线间应无短路	文件见证 现场见证	查看试验报告，查看现场实测值
		垫块间距	II	油道垫块间距偏差应符合设计图纸和工艺文件要求	文件见证 现场见证	对照设计图纸和工艺文件要求，查看现场实测值
		撑条垂直度	II	撑条垂直度偏差应符合设计图纸和工艺文件要求		
		线圈出头位置偏差	II	线圈出头位置偏差应符合设计图纸和工艺文件要求		
		线圈出头绑扎	II	线圈出头绑扎牢固，应符合设计图纸及工艺要求	文件见证 现场见证	对照设计图纸和工艺文件要求，现场查看

续表

序号	监督项目	监督内容	权重	监 督 要 点	监督方式	监督方法
2.3.3	线圈组装	线圈匝间绝缘	II	线圈匝间绝缘表面应完好无破损	现场见证	对照工艺文件要求，现场查看
		线圈出头屏蔽及绝缘包扎	III	包扎紧实，屏蔽圆滑，无尖角毛刺，应符合设计图纸和工艺文件要求	文件见证 现场见证	对照设计图纸和工艺文件要求，现场查看
		端圈放置	II	放置平整，不偏心，端圈绝缘垫块应上下对正，放置偏差应符合设计图纸和工艺文件要求		
		线圈清洁度	I	线圈应清洁，无金属及非金属异物	现场见证	对照工艺文件要求，现场查看
		导线出头脱漆检查	II	导线出头脱漆应符合工艺文件要求	文件见证 现场见证	对照工艺文件要求，现场查看

2.4　油浸式电抗器器身装配监督要点

序号	监督项目	监督内容	权重	监 督 要 点	监督方式	监督方法
2.4.1	装配准备	工作环境	I	应监测温度、湿度、降尘量符合工艺文件要求	现场见证	查看现场实测值
2.4.2	铁心饼装配	铁心饼装配	II	定位尺寸偏差应符合工艺要求，每叠两饼测量一次，总高度应符合工艺要求	文件见证 现场见证	对照设计图纸和工艺文件要求，查看现场实测值
		下部绝缘、磁屏蔽装配	II	绝缘、磁屏蔽应放置平整、稳固，符合设计图纸要求		
		铁心饼一次加压	III	铁心饼加压压力和高度应符合图纸和工艺要求		
2.4.3	绝缘装配	围心柱地屏	II	搭接应符合工艺要求	现场见证	对照工艺文件要求，现场查看
		线圈整理	II	①线圈出头屏蔽应紧贴导线，紧实、圆滑，不得有尖角、毛刺，应符合设计图纸和工艺要求	文件见证 现场见证	对照设计图纸和工艺文件要求，现场查看
			III	②出头绝缘包扎应紧实、均匀，出头绝缘包扎厚度应符合设计图纸和工艺要求		

序号	监督项目	监督内容	权重	监 督 要 点	监督方式	监督方法
2.4.3	绝缘装配	下部端绝缘和角环	II	①端圈的垫块中心与线圈的油隙垫块中心偏差应符合设计图纸及工艺要求		
			II	②成型角环搭接最小尺寸应符合设计图纸及工艺要求		
		套装线圈	II	套装线圈时应保证线圈套装紧实,出头位置应符合设计图纸和工艺要求	文件见证 现场见证	对照设计图纸和工艺文件要求,现场查看
		上部绝缘及压板装配	III	①端圈垫块、撑条与下端端圈垫块和线圈油隙垫块对齐	现场见证	对照工艺文件要求,现场查看
			II	②角环搭接应符合设计图纸和工艺要求	文件见证 现场见证	对照设计图纸和工艺文件要求,现场查看
2.4.4	铁心插板	铁心饼二次加压	IV	铁心饼加压压力和高度应符合设计图纸要求	文件见证 现场见证	对照设计图纸和工艺文件要求,现场查看
		上铁轭插板	II	插接应紧实,不允许搭接	现场见证	现场查看
		上铁轭装配	II	上铁轭松紧度,以检验插板刀插入深度为准,通常应＜80mm		
2.4.5	铁心绝缘电阻测量	铁心对夹件	III	用 500V 或 1000V 绝缘电阻表,电阻应＞0.5MΩ	文件见证 现场见证	对照设计图纸和工艺文件要求,查看现场实测值
		铁心对穿心螺杆	III	用 500V 或 1000V 绝缘电阻表,电阻应＞0.5MΩ		
2.4.6	装配后检查	上部紧固件	III	应完整齐全,紧固良好无松动,接地良好。拧紧力矩应符合设计图纸要求	文件见证 现场见证	对照设计图纸和工艺文件要求,现场查看
		零部件安装	II	所有零部件应按设计图纸要求,安装齐全到位、不缺件。焊接件表漆应无起皮、掉漆,表面清洁		
		接地系统装配	II	心柱地屏接地、下部压板型磁屏蔽接地、侧梁接地、上横梁接地、上夹件接地应按设计图纸要求装配接地线		
		完工清理、吸尘	II	确认器身清洁无金属和非金属异物残留	现场见证	现场查看

续表

序号	监督项目	监督内容	权重	监 督 要 点	监督方式	监督方法
2.4.7	引线装配	引线出头连接	II	①操作冷压应符合工艺文件要求,所用压接管规格应与设计图纸要求一致,冷压时压接管内应填充密实	文件见证 现场见证	对照工艺文件、现场查看
				②银(磷)铜焊接有一定的搭接面积严格符合工艺要求执行,焊面饱满、无氧化皮、无毛刺		
				③绝缘包扎要紧实,包厚符合设计图纸和工艺文件要求		
				④引线绝缘锥体刚好进入均压球内		
		引线出头屏蔽及绝缘包扎	III	①屏蔽应紧贴导线,包扎紧实、圆滑,不得有尖角、毛刺	文件见证 现场见证	对照设计图纸和工艺文件查看现场实测值
				②绝缘包扎应紧实、圆滑、无破损。绝缘包扎厚度偏差应符合图纸及工艺要求		
		引线对各处的绝缘距离	II	引线对夹件之间、引线之间绝缘距离应符合设计图纸要求		
2.4.8	完工检查	铁心对夹件阻值	IV	用500V或1000V绝缘电阻表测量,电阻应>0.5MΩ	文件见证 现场见证	对照设计图纸和工艺文件查看现场实测值
		器身清洁度	I	确认器身清洁,无金属和非金属异物残留	现场见证	现场查看

2.5　油浸式电抗器总装配监督要点

序号	监督项目	监督内容	权重	监 督 要 点	监督方式	监督方法
2.5.1	组件准备	套管	I	①型号规格、生产商与设计文件相符	文件见证 现场见证	查看技术协议(投标文件),对照设计图纸的要求,查验生产厂质量保证书,查看实物
			I	②实物表观完好无损	现场见证	现场查看

序号	监督项目	监督内容	权重	监督要点	监督方式	监督方法
2.5.1	组件准备	套管	III	③66kV、220kV 及 500kV 的电压等级电抗器套管接线端子（抱箍线夹），以铜合金材料制造的金属，其铜含量不低于80%的规定。禁止采用黄铜材质或铸造成型的抱箍线夹	文件见证 现场见证	查验原厂质量保证书和出厂试验报告，查看制造厂的入厂检验查看，现场核对实物
			III	④套管均压环应采用单独的紧固螺栓，禁止紧固螺栓与密封螺栓共用，禁止密封螺栓上、下两道密封共用	现场见证	现场查看
		片式散热器、强油循环风冷却器	I	①散热器、冷却器的型号规格、生产商与设计文件相符	文件见证 现场见证	查看技术协议（投标文件），对照设计图纸的要求，查验生产厂质量保证书，查看实物
			I	②实物表观完好无损	现场见证	现场查看
			III	③强迫油循环电抗器的潜油泵应选用转速不大于 1500r/min 的低速潜油泵，对运行中转速大于1500r/min 的潜油泵应进行更换	文件见证 现场见证	查验原厂质量保证书和出厂试验报告，查看制造厂的入厂检验查看，现场核对实物
		储油柜	I	①储油柜的型号规格、生产商与设计文件相符	文件见证 现场见证	查看技术协议（投标文件），对照设计图纸的要求，查验生产厂质量保证书，查看实物
			II	②波纹管储油柜应检查波纹管伸缩灵活，密封完好；胶囊式储油柜应检查胶囊完好；双密封隔膜储油柜应检查隔膜良好无损	现场见证	对照设计图纸要求，现场查看
			II	③油位计安装正确		
			II	④储油柜容积应不小于电抗器油重的 10%	文件见证 现场见证	查验原厂质量保证书和出厂试验报告，查看制造厂的入厂检验查看，现场核对实物
		气体继电器	I	①型号规格、生产商与设计文件相符	文件见证 现场见证	查看技术协议（投标文件），对照设计图纸的要求，查验生产厂质量保证书，查看实物

续表

序号	监督项目	监督内容	权重	监 督 要 点	监督方式	监督方法
2.5.1	组件准备	气体继电器	II	②实物（主体、导气管、集气盒）表观完好无损，安装方向正确（箭头方向指向储油柜）	现场见证	对照设计图纸和工艺文件要求，现场查看
			III	③220kV 及以上的电抗器应采用双浮球或同等性能的并带挡板结构的气体继电器	文件见证 现场见证	查验原厂质量保证书和出厂试验报告，查看制造厂的入厂检验查看，现场核对实物
		三维冲击查看仪	I	①实物表观完好无损	现场见证	现场查看
			II	②66kV、220kV 及 500kV 的电抗器在运输过程中，应按照相应规范安装具有时标且有合适量程的三维冲击查看仪	文件见证 现场见证	对照设计图纸要求，现场查看
			II	③防止三维冲击查看仪与电抗器本体分离	现场见证	对照招标文件、设计文件
		压力释放阀	I	①型号规格、生产商与设计文件相符	文件见证 现场见证	查看技术协议（投标文件），对照设计图纸的要求，查验生产厂质量保证书，查看实物
			I	②实物表观完好无损	现场见证	现场查看
			II	③配有引下管，引下管下部管口配有防护网	现场见证	对照设计图纸要求，现场查看
		吸湿器	I	①型号规格、生产商与设计文件相符	文件见证 现场见证	查看技术协议（投标文件），对照设计图纸的要求，查验生产厂质量保证书，查看实物
			I	②实物表观完好无损	现场见证	现场查看
			II	③硅胶颜色应符合设计文件要求	文件见证 现场见证	对照设计图纸要求，现场查看
			II	④硅胶的重量应不低于电抗器储油柜油重的千分之一	文件见证 现场见证	查验原厂质量保证书和出厂试验报告，查看制造厂的入厂检验查看，现场核对实物

续表

序号	监督项目	监督内容	权重	监督要点	监督方式	监督方法
2.5.1	组件准备	吸湿器	II	⑤配有全透明主体	现场见证	对照设计图纸要求，现场查看
			II	⑥下部应配有透明油杯并有刻度线	现场见证	对照设计图纸要求，现场查看
		蝶阀、闸阀及球阀	I	①型号规格、生产商与设计文件相符	文件见证 现场见证	查看技术协议（投标文件），对照设计图纸的要求，查验生产厂质量保证书，查看实物
			I	②实物表观完好无损	现场见证	现场查看
			II	③压力及泄漏等级满足设计文件要求	文件见证 现场见证	查验原厂质量保证书和出厂试验报告，查看制造厂的入厂检验查看，现场核对实物
		测温装置	I	①型号规格、生产商与设计文件相符	文件见证 现场见证	查看技术协议（投标文件），对照设计图纸的要求，查验生产厂质量保证书，查看实物
			I	②实物表观完好无损	现场见证	现场查看
			II	③数量满足设计要求	文件见证 现场见证	对照设计图纸要求，现场查看
			II	④量程满足相关标准要求或当地环境要求		
		电抗器其他装配附件	I	①型号规格、生产商与设计文件相符	文件见证 现场见证	查看技术协议（投标文件），对照设计图纸的要求，查验生产厂质量保证书，查看实物
			I	②实物表观完好无损	现场见证	现场查看
			II	③具有出厂检验合格证书	文件见证 现场见证	查看技术协议（投标文件），对照设计图纸的要求，查验生产厂质量保证书,查看制造厂入厂检验文件,查看实物

续表

序号	监督项目	监督内容	权重	监督要点	监督方式	监督方法
2.5.2	油箱准备	油箱及盖板检查	I	无金属异物和非金属异物,无浮灰,无漆膜脱落,外部无浮灰,表面无漆脱落,密封面良好	现场见证	对照工艺文件要求,现场查看
		油箱屏蔽	II	油箱屏蔽安装规整、牢固、无裂纹,符合设计图纸和工艺文件要求	文件见证 现场见证	对照设计图纸和工艺文件要求,现场查看
		油箱磁屏蔽接地片与接地板	II	①接地片与接地板接触面清洁、平整,紧固螺栓牢固、可靠,磁屏蔽接地线接地可靠	现场见证	对照工艺文件要求,现场查看
			II	②防止磁屏蔽多点接地,需打开磁屏蔽接地线,单独测量磁屏蔽对油箱的绝缘电阻		
2.5.3	真空干燥后的器身整理	器身检查	I	①有合格标识,表面清洁、无异物	现场见证	对照工艺文件要求,现场查看
			II	②支撑件及加持件无开裂		
			II	③铁心端面无锈迹		
			III	④夹件对铁心绝缘电阻阻值≥100MΩ	文件见证 现场见证	对照设计图纸和工艺文件要求,查看试验报告,查看现场实测值
		器身紧固	II	①器身轴向加压压力应符合制造厂设计图纸和工艺文件要求	文件见证 现场见证	对照设计图纸和工艺文件要求,现场查看
			II	②器身加压后,相间及线圈端部填充物(楔子)应紧实、无松动	现场见证	对照工艺文件要求,现场查看
			II	③紧固件应按照制造厂紧固件力矩表进行紧固、无松动		
		测量铁心对夹件电阻值	III	器身整理完毕后,用 500V 或 1000V 绝缘电阻表测量铁心对夹件绝缘电阻,阻值≥100MΩ	文件见证 现场见证	对照设计图纸和工艺文件要求,查看现场实测值
2.5.4	器身下箱	器身定位	II	①器身定位钉应与定位碗相匹配	现场见证	对照设计图纸和工艺文件,现场查看
			II	②浇注高度应符合工艺文件要求,无溢出现象		

续表

序号	监督项目	监督内容	权重	监督要点	监督方式	监督方法
2.5.4	器身下箱	绝缘电阻测量	III	①用 500V 或 1000V 绝缘电阻表测量铁心对夹件绝缘电阻≥100MΩ	文件见证 现场见证	对照设计图纸和工艺文件要求，查看现场实测值
			III	②用 500V 或 1000V 绝缘电阻表测量夹件对油箱绝缘电阻≥500MΩ，铁心对油箱绝缘电阻≥500MΩ		
			III	③测量油道间绝缘电阻，无通路现象		
		油箱壁纸板安装	II	箱壁及箱底纸板在使用前应干燥，在器身下箱前适时安装，应控制暴露在空气中的时间，时间以制造厂为准	文件见证 现场见证	对照设计图纸和工艺文件要求，现场查看
2.5.5	电抗器附件装配	升高座	II	升高座安装方向应正确，铭牌向外	文件见证 现场见证	对照设计图纸和工艺文件要求，现场查看
		套管、引线连接	II	①引线、接线端子表面绝缘完好、无破损	现场见证	对照设计图纸和工艺文件要求，现场查看
			II	②接线螺栓紧固紧实、无松动	现场见证	
			II	③导杆头冷压或焊接应符合工艺文件要求，无尖角、毛刺	文件见证 现场见证	对照设计图纸和工艺文件要求，现场查看
			III	④套管安装后，套管尾部引线到油箱、夹件等绝缘距离应符合设计图纸和工艺文件要求		
			III	⑤均压球安装位置应符合设计图纸和工艺文件要求，均压球表面无破损		
		引线	II	①引线走向、绝缘厚度和绝缘距离应符合设计图纸和工艺文件要求	文件见证 现场见证	对照设计图纸和工艺文件要求，现场查看
			II	②引线表面无破损或异物	现场见证	对照工艺文件要求，现场查看
			II	③引线尺寸、绝缘厚度应符合设计图纸和工艺文件要求	文件见证 现场见证	对照设计图纸和工艺文件要求，现场查看

续表

序号	监督项目	监督内容	权重	监督要点	监督方式	监督方法
2.5.5	电抗器附件装配	储油柜装配	II	①内部无金属异物和非金属异物，无浮灰，无漆膜脱落，外部无浮灰，表面无漆脱落，密封面良好	现场见证	对照工艺文件要求，现场查看
			II	②胶囊式储油柜装配时，需对储油柜内壁进行检查清理，检查有无毛刺尖锐突起，胶囊装入后，需进行充气试漏	文件见证现场见证	对照设计图纸和工艺文件要求，现场查看
			III	③波纹或隔膜储油密封性应符合设计图纸和工艺文件要求		
		铁心夹件接地线	II	①接地线长度、端子尺寸应符合设计图纸和工艺文件要求	文件见证现场见证	对照设计图纸和工艺文件要求，现场查看
			II	②接地线两端安装应符合设计图纸和工艺文件要求		
2.5.6	整体试漏	油箱表面是否存在渗漏	III	应按照工艺文件要求进行产品标准压力和时间执行试漏试验	文件见证现场见证	对照设计图纸和工艺文件要求，查看试验报告，现场查看

2.6 油浸式电抗器出厂试验监督要点

序号	监督项目	监督内容	权重	监督要点	监督方式	监督方法
2.6.1	绕组直流电阻测量	查看仪器仪表	I	伏安法精度不应低于 0.2 级，电桥法精度不应低于 0.05～0.1 级	文件见证现场见证	核查试验方案，现场查看
		观察电阻测量	II	测量时要等待绕组自感效应的影响降到最低程度再读取数据		核查试验方案、供货商工厂标准并现场查看试验过程
		试验结果判定	IV	①1600kVA 以上电抗器，各相绕组电阻相间的差别不大于三相平均值的 2%；无中性点引出的绕组，线间差别不应大于三相平均值的 1%		核对试验报告、供货商工厂标准
			IV	②1600kVA 及以下电抗器，相间差别一般不大于三相平均值的 4%；线间差别一般不大于三相平均值的 2%		

序号	监督项目	监督内容	权重	监 督 要 点	监督方式	监督方法
2.6.2	绕组绝缘电阻测试	查看仪表仪器	I	绝缘电阻表的精度不应小于1.5%。对电压等级220kV及以上且容量为120MVA及以上电抗器,宜采用输出电流不小于3mA的绝缘电阻表,测量绕组的绝缘电阻应使用电压不低于5000V、指示量限不小于100GΩ的绝缘电阻表或自动绝缘测试仪	文件见证现场见证	核查试验方案,现场查看
		观察测量绕组绝缘电阻	IV	测量绕组对地及其余绕组间15s、60s及10min的绝缘电阻值,并将测试温度下的绝缘电阻换算到20℃进行比较,应符合投标技术规范要求		核查试验方案,供货商工厂标准,并现场查看试验过程
		试验结果判定	IV	吸收比不应低于1.3,极化指数不应低于1.5。当绝缘电阻值大于10000MΩ时,吸收比和极化指数可仅供参考		核对试验报告、供货商工厂标准
2.6.3	介质损耗因数、电容测量	查看仪表仪器	I	试验电源的频率应为额定频率,其偏差不应大于±5%,电压波形应为正弦波	文件见证现场见证	核查试验方案,现场查看
		观察测量	IV	测量绕组连同套管对地及其余绕组间的介质损耗、电容值,同时记录电抗器油温度		核查试验方案、供货商工厂标准,核对试验报告并现场查看试验过程
		试验结果判定	IV	将测试温度下的介质损耗换算到20℃,符合投标技术规范要求,500kV:≤0.005;220kV:≤0.008		
2.6.4	电抗和损耗测量	查看仪器仪表	I	尽量采用自耦式调压器,容量不够,可采用移圈式调压器的输出波形,应接近正弦波	文件见证现场见证	核查试验方案,现场查看
		观察试验全过程	II	①回路功率因数低,应选用电桥法测量		核查试验方案、供货商工厂标准并现场查看试验过程
			II	②为保证测量,高压接线必须加屏蔽管		
			II	③为防止分流,注意接地点的选择		
			IV	④损耗测量结果换算到75℃		
		试验结果判定	IV	一组电抗器,电抗互差不大于2%		核对试验报告、供货商工厂标准

续表

序号	监督项目	监督内容	权重	监督要点	监督方式	监督方法
2.6.5	操作冲击试验（SI）	查看试验装置、仪器及其接线，分压比	II	耐受电压按具有最高 U_m 值的绕组确定其他绕组上的试验电压值尽可能接近其耐受值	文件见证 现场见证	核查试验方案，现场查看
		观察冲击波形及电压峰值	II	波前时间一般应不小于 100μs，超过 90%规定峰值时间至少为 200μs，从视在原点到第一个过零点时间应为 500μs～1000μs		核查试验方案、供货商工厂标准并现场查看试验过程
		观察冲击过程及顺序	II	试验顺序：一次降低试验电压水平（50%～75%）的负极性冲击，三次额定冲击电压的负极性冲击，每次冲击前应先施加幅值约 50%的正极性冲击以产生反极性剩磁		
		试验结果判定	IV	电抗器无异常声响、示波图电压没有突降、电流也无中断或突变、电压波形过零时间与电流最大值时间基本对应		核对试验报告、供货商工厂标准
2.6.6	线端雷电全波、截波冲击试验（LI）	观察冲击电压波形及峰值	IV	①全波：波前时间一般为：1.2μs±30%，半峰时间 50μs±20%，电压峰值允许偏差±3%，大容量产品根据标准可将波前时间放宽至小于 2.5μs 即可	文件见证 现场见证	核查试验方案、供货商工厂标准并现场查看试验过程
			IV	②截波：截断时间应在 2μs～6μs 之间，跌落时间一般不应大于 0.7μs，波的反极性峰值不应大于截波冲击峰值的 30%		
		观察冲击过程及次序	IV	①全波：波前时间一般为：1.2μs±30%，半峰时间 50μs±20%，电压峰值允许偏差±3%，大容量产品根据标准可将波前时间放宽至小于 2.5μs 即可		
			IV	②截波：截断时间应在 2μs～6μs 之间，跌落时间一般不应大于 0.7μs，波的反极性峰值不应大于截波冲击峰值的 30%		
		试验结果判定	IV	电抗器无异常声响，电压、电流无突变，且低电压冲击和全电压冲击波形无明显变化		核对试验报告、供货商工厂标准

续表

序号	监督项目	监督内容	权重	监督要点	监督方式	监督方法
2.6.7	外施工频耐压试验	查看试验装置、仪器及其接线，分压比	II	全电压试验值施加于被试绕组的所有连接在一起的端子与地之间，铁心、夹件和油箱连在一起接地	文件见证现场见证	核查试验方案，现场查看
		观察加压全过程	II	试验电压为峰值/$\sqrt{2}$，升压必须从零（或接近于零）开始，切不可冲击合闸。升压速度在75%试验电压以前，可以是任意的，自75%电压开始均匀升压，均为每秒2%试验电压的速率升压。如无特殊说明，则持续60s。耐压试验后，迅速均匀降压到零（或接近于零），然后切断电源		核查试验方案、供货商工厂标准并现场查看试验过程
		试验结果判定	IV	试验中无破坏性放电发生，且耐压前后的绝缘电阻无明显变化，电抗器无异常声响，电压无突降和电流无突变		核对试验报告、供货商工厂标准
2.6.8	带有局放测量的感应耐压试验IVPD	查看试验装置、仪器及接线和互感器变比	II	高压引线侧应无晕化。波形尽可能为正弦波，试验电压测量应是测量电压的峰值/$\sqrt{2}$	文件见证现场见证	核查试验方案，现场查看
		观察并记录背景噪声	III	噪声水平应小于视在放电规定限值的一半		核查试验方案、供货商工厂标准并现场查看试验过程
		观察电压、方波校准	II	①合理选择相匹配的分压器和峰值表，电压校核应到额定耐受电压的50%以上		
			II	②每个测量端子都应校准；同时记录端子间传输比		
		观察感应电压频率及峰值	IV	①合理选择相匹配的分压器和峰值表		
			IV	②电压偏差在±3%以内		
			IV	③频率应接近选择的额定值		
		观察感应耐压全过程	II	按规定的时间顺序施加试验电压		
		观察局部放电测量	II	①若放电量随时间递增，则应延长U_2的持续时间观察。半小时内不增长可视为平稳		

续表

序号	监督项目	监督内容	权重	监 督 要 点	监督方式	监督方法
2.6.8	带有局放测量的感应耐压试验 IVPD	观察局部放电测量	IV	②在 U_2 下的长时试验期间的局部放电量及其变化，并记录起始放电电压和放电熄灭电压	文件见证 现场见证	核查试验方案、供货商工厂标准并现场查看试验过程
		试验结果判定	IV	电抗器无异常声响，试验电压无突降现象，视在放电量趋势平稳且放电量的连续水平不大于 100pC 或符合投标技术文件		核对试验报告、供货商工厂标准
2.6.9	绝缘油试验	击穿电压（kV）	IV	500kV：≥60 220kV：≥40	文件见证 现场见证	核查试验方案、供货商工厂标准，核对试验报告并现场查看试验过程
		水分（mg/L）	IV	500kV：≤10 220kV：≤15		
		介质损耗因数 $\tan\delta$ （90℃）	IV	≤0.005		
		闪点（闭口）（℃）	IV	DB：≥135		
		界面张力（25℃）mN/m	IV	≥35		
		酸值（mgKOH/g）	IV	≤0.03		
		水溶性酸 pH 值	IV	>5.4		
		油中颗粒度	IV	500kV：大于 5μm 的颗粒度≤2000/100mL		
		体积电阻率（Ω·m，90℃）	IV	≥6×10^{10}		
		含气量（V/V）（%）	IV	500kV≤1		
		糠醛（mg/L）	IV	<0.05		
		腐蚀性硫	IV	非腐蚀性		
		结构簇	IV	应提供绝缘油结构簇组成报告		
		T501 等检测报告	IV	对 500kV 及以上电压等级的电抗器还应提供 T501 等检测报告		

序号	监督项目	监督内容	权重	监 督 要 点	监督方式	监督方法
2.6.10	油中含气体分析	观察采样	II	①至少应在如下各时点采样分析：试验开始前，绝缘强度试验后，温升试验开始前、中（每隔 4h）、后，出厂试验全部完成后，发运放油前	文件见证 现场见证	核查试验方案、供货商工厂标准，并现场查看试验过程
			IV	②留存有异常的分析结果，记录取样部位		
		试验结果判定	IV	油中气体含量应符合以下标准：氢气<10μL/L、乙炔 0.1μL/L、总烃<20μL/L；特别注意有无增长		核对试验报告、供货商工厂标准
2.6.11	套管电流互感器试验	观察试验查看记录	II	①互感器装入升高座并接好引出线后进行试验	现场见证	核查试验方案，并现场查看
			II	②制造厂提供的检验报告已完全满足订货技术协议书的要求，电抗器出厂试验对套管电流互感器可只进行变比、耐压、极性、直流电阻和绝缘试验测试，结果应满足投标技术规范书要求		核对试验报告、供货商工厂标准、外购件供货商检验报告
2.6.12	整体密封试验	观察试验全过程	II	①此项试验应在全部附件安装后进行	文件见证 现场见证	核查试验方案,供货商工厂标准、核对试验报告并现场查看试验过程
			II	②密封性试验应将供货的散热器（冷却器）安装在电抗器上进行试验		
			II	③试验方法和施加压力值,按合同技术协议和工艺文件要求		
		试验结果判定	IV	油箱不得有损伤和不允许的永久变形,试验过程中要随时检查压力表的压力是否下降,油箱及其充油组件表面是否渗漏油,重点检查焊缝和密封面的渗漏油情况		
2.6.13	温升试验	观测环境温度	II	记录测温计的布置	文件见证 现场见证	核查试验方案,现场查看
		观测油温	II	注意测温计的校验记录和测点布置		
		观察通流升温过程	III	①选在最大电流分接上进行,施加的总损耗应是空载损耗与最大负载损耗之和		核查试验方案,供货商工厂标准,并现场查看试验过程

序号	监督项目	监督内容	权重		监 督 要 点	监督方式	监督方法
2.6.13	温升试验	观察通流升温过程	III	②	当顶层油温升的变化率小于每小时 1K，并维持 3h 时，取最后一个小时内的平均值为顶层油温	文件见证 现场见证	核查试验方案，供货商工厂标准，并现场查看试验过程
			III	③	以红外热成像仪检测油箱壁温、升高座附近，应无局部过热		
			III	④	对于多种组合冷却方式的电抗器，在进行各种冷却方式下的温升试验。监视电流表的读数，应与最大总损耗对应		
		观测绕组电阻	IV	①	顶层油温升测定后，应立即将试验电流降低到该分接对应的额定电流，继续试验 1h，1h 终了时，应迅速切断电源和打开短路线，测量两侧绕组中间相的电阻（最好是三相同时测）		
			III	②	监视热电阻的测量并记录相关数据		
		查看绕组温度推算	III	①	采用外推法或其他方法求出断电瞬间绕组的电阻值，根据该值计算绕组的温度		核对试验报告、供货商工厂标准
			III	②	绕组的温度值应加上油温的降低值，并减去施加总损耗末了时的冷却介质温度，即绕组平均温升		
			III	③	比较各绕组的温升曲线和温升值		
		试验结果判定	IV		变压器各部件的温升应符合投标技术规范		
2.6.14	声级测量	观察试验全过程	IV	①	施加额定电压，在距电抗器本体基准发射面 0.3m 处，于 1/3、2/3 电抗器高度处，用声级计测量电抗器 A 计权声压级，各测量点间距不大于 1.0m。0.3m 时声级≤70dB（A）	文件见证 现场见证	核查试验方案、供货商工厂标准，核对试验报告，并现场查看试验过程
			IV	②	开启正常运行时的冷却装置，在距电抗器本体基准发射面 2.0m 处，于 1/3、2/3 电抗器高度处，用声级计测量电抗器 A 计权声压级，各测量点间距不大于 1.0m。2.0m 时声级≤70dB（A）或满足技术协议要求		
			IV	③	试验前后，测量背景声级		

续表

序号	监督项目	监督内容	权重	监督要点	监督方式	监督方法
2.6.15	振动测量	观察试验全过程	IV	测量在额定工况下进行,对电抗器施加运行最高电压,测量油箱四面和油箱底部振动,符合合同技术协议要求	文件见证 现场见证	核查试验方案、供货商工厂标准,核对试验报告并现场查看试验过程
2.6.16	谐波电流测量	查看试验接线、测试仪器、观察试验过程	IV	本试验在额定工况下进行, 在100%U_r电压下,测量电流谐波时,电流三次谐波分量的峰值≤基波分量的3%	文件见证 现场见证	核查试验方案、供货商工厂标准,核对试验报告并现场查看试验过程
2.6.17	绕组频响特性测量	比较绕组间频率响应特性曲线	IV	①同一电压等级三相绕组的频率响应特性曲线应能基本吻合	文件见证 现场见证	核查试验方案、供货商工厂标准,核对试验报告,并现场查看试验过程
			II	②保存每个绕组的波形图。三绕组频响数据曲线纵向、横向以及综合比较的相关系显示无明显变形		
2.6.18	套管试验	观察试验全过程	IV	①局部放电量在1.5U_m/$\sqrt{3}$ kV下不超过10pC	文件见证 现场见证	核查试验方案、供货商工厂标准,核对试验报告、外购件供货商检验报告并现场查看试验过程
			IV	②测量电容式套管的绝缘电阻、电容量和介质损耗因数;套管安装到电抗器上后,测量10kV电压下介质损耗因数及电容量。介质损耗因数符合500kV:tanδ≤0.5%;220kV下:tanδ≤0.7%		
			IV	③应提供套管油的化学和物理以及油色谱的试验数据,其油中水分不大于10mg/L		
			IV	④局部放电量在1.5U_m/$\sqrt{3}$ kV下不超过10pC		
2.6.19	铁心、夹件绝缘试验	观察试验全过程	IV	①在组装前,应测量铁心的绝缘电阻	文件见证 现场见证	核查试验方案,供货商工厂标准并现场查看试验过程
			IV	②电抗器组装完毕,油箱注油前,应测量铁心绝缘电阻		
			IV	③在总体试验之后装运之前应测铁心绝缘电阻		

序号	监督项目	监督内容	权重	监督要点	监督方式	监督方法
2.6.19	铁心、夹件绝缘试验	观察试验全过程	IV	④测量铁心对夹件及地、夹件对铁心地，铁心对夹件间的绝缘电阻，测量应使用 500V 或 1000V 绝缘电阻表，绝缘电阻不应小于 $500M\Omega$	文件见证 现场见证	核对试验报告、供货商工厂标准

2.7　油浸式电抗器出厂验收监督要点

序号	监督项目	监督内容	权重	监督要点	监督方式	监督方法
2.7.1	预装	组部件装配情况	II	①所有组部件应按实际供货件装配完整	现场见证	对照设计图纸和工艺文件要求，现场查看
			II	②主要附件（套管、冷却装置、导油管等）在出厂时均应按实际使用方式经过整体预装		
2.7.2	防雨罩	户外电抗器的气体继电器、温度计、油位计、防雨罩安装情况	II	户外电抗器的气体继电器（本体、油流速动继电器、温度计均应装设防雨罩，继电器本体及二次电缆进线 50mm 应被遮蔽，45°向下雨水不能直淋。二次电缆应采取防止雨水顺电缆倒灌的措施（如反水弯）	现场见证	现场查看
2.7.3	标志	各类组部件标志情况	II	①阀应有开关位置指示标志	现场见证	对照设计图纸和工艺文件要求，现场查看
			II	②取样阀、注油阀、放油阀等均应有功能标志		
			II	③端子箱、冷却装置控制箱内各空开、继电器（二次元件）标志正确、齐全		
			II	④铁心、夹件标示正确		
			II	⑤生产厂家应明确套管最大取油量，避免因取油样而造成负压		
2.7.4	组部件	部件铭牌内容及各部件接地情况	II	①产品与技术规范书或技术协议中厂家、型号、规格一致	文件见证 现场见证	查看技术协议（投标文件），对照设计图纸的要求，查验生产厂质量保证书，查看实物

序号	监督项目	监督内容	权重	监 督 要 点	监督方式	监督方法
2.7.4	组部件	部件铭牌内容及各部件接地情况	II	②主要元器件应短路接地：钟罩或桶体、储油柜、套管、升高座、端子箱等附件均应短接接地，采用软导线连接的两侧以线鼻压接	现场见证	对照设计图纸和工艺文件要求，现场查看
2.7.5	铭牌	铭牌完整情况	I	①电抗器主铭牌内容完整	现场见证	对照招标文件和出厂试验报告，现场查看
			I	②油温油位曲线标志牌完整		现场查看
			I	③套管、压力释放阀等其他附件铭牌齐全		现场查看
2.7.6	螺丝	螺丝选用情况	II	①全部紧固螺丝均应采用热镀锌螺丝，具备防松动措施	文件见证现场见证	对照设计图纸和工艺文件要求，现场查看
			II	②导电回路应采用 8.8 级热镀锌螺丝（不含箱内）		对照设计图纸和工艺文件要求，现场查看
						查看制造厂的入厂检验报告，现场核对实物
2.7.7	软连接	软连接部位	II	①铁心、夹件小套管等引出线部位需要采用软连接	现场见证	对照设计图纸和工艺文件要求，现场查看
			II	②冷却器与本体、气体继电器与储油柜之间连接的波纹管，两端口同心偏差不应大于 10mm		

2.8　油浸式电抗器金属监督要点

序号	监督项目	监督内容	权重	监 督 要 点	监督方式	监督方法
2.8.1	波纹储油柜	不锈钢心体材质	IV	波纹储油柜的不锈钢芯体材质应为奥氏体型不锈钢	现场抽检	每个工程所有电抗器 100%检测
2.8.2	防雨罩	材质	IV	防雨罩材质应为 O6Cr19Ni10 的奥氏体不锈钢或耐蚀铝合金	现场抽检	每个工程抽检 1～3 件
		厚度	IV	公称厚度不小于 2mm。当防雨罩单个面积小于 1500cm^2，公称厚度不应小于 1mm	现场抽检	每个工程抽检 1～3 件

序号	监督项目	监督内容	权重	监 督 要 点	监督方式	监督方法
2.8.3	壳体防腐涂层	外观	III	防腐涂层表面应平整、均匀一致，无漏涂、起泡、裂纹、气孔和返锈等现象，允许轻微橘皮和局部轻微流挂	现场抽检	每个工程抽检 1～3 处进行目视检测
		厚度及附着力	IV	油箱、储油柜、散热器等壳体的防腐涂层应满足腐蚀环境要求，其涂层厚度不应小于 120μm	现场抽检	每个工程抽检 1～3 处，每处检测 5 点
		材质	IV	重腐蚀环境散热片表面应采用锌铝合金镀层防腐	现场抽检	每个工程抽检 1～3 处，每处检测 3 点
2.8.4	套管	套管支撑板材质	IV	套管支撑板（如法兰）等有特殊要求的部位，应使用非导磁材料或采取可靠措施避免形成闭合磁路	现场抽检	每个工程抽检 1～3 件进行材质检测
		套管接线端子（抱箍线夹）材质	IV	套管接线端子（抱箍线夹）铜含量应不低于 80%	现场抽检	每个工程抽检 3～5 件进行材质检测
2.8.5	紧固件	紧固件镀层	IV	导电回路应采用 8.8 级热浸镀锌螺栓，镀锌层平均厚度不应小于 50μm，局部最低厚度不应小于 40μm	现场抽检	每种规格的螺栓、螺母及垫片随机抽取 1～3 件进行检测
		紧固件材质	IV	设备接线端子与母线的连接应符合 GB 50149 的要求，额定电流≥1500A 时，紧固件应为非磁性材料	现场抽检	每种规格的螺栓、螺母及垫片随机抽取 1～3 件进行检测
2.8.6	控制箱和端子箱	材质	IV	控制箱和端子箱材质应为 O6Cr19Ni10 的奥氏体不锈钢或耐蚀铝合金，不能使用 2 系或 7 系铝合金	现场抽检	每个工程抽取 1 件进行检测，每件逐面进行检测
		厚度	IV	公称厚度不应小于 2mm，厚度偏差应符合 GB/T 3280 的规定，如采用双层设计，其单层厚度不得小于 1mm	现场抽检	每个工程抽取 1 件进行检测，每个箱体正面、反面、侧面各选择不少于 3 个点检测
2.8.7	黄铜阀门	材质	IV	黄铜阀门铅含量不应超过 3%	现场抽检	每个工程抽检 1～3 件进行检测
2.8.8	铜（导）线	材质	IV	电抗器套管、升高座、带阀门的油管等法兰连接面跨接软铜线，铁心、夹件接地引下线，纸包铜扁线，换位导线及组合导线。以上部件铜含量不应低于 99.9%	现场抽检	每个工程抽检 3～5 件进行材质检测

第3章 断路器技术监督设备监造项目

断路器技术监督设备监造项目、监督内容、权重及监督方式见表3-1。

表3-1 断路器技术监督设备监造项目

序号	监 督 项 目	监 督 内 容	权重	监督方式	
1	绝缘拉杆	机械特性、电气特性	IV	文件见证	现场见证
2	灭弧室	材料及组装工艺	IV	文件见证	现场见证
3	传动件	外观及机械特性	III	文件见证	现场见证
4	操动机构	出厂合格证书及外观检查	III	文件见证	现场见证
5	分合闸回路	回路检查	III	文件见证	现场见证
6	外壳（罐式）	材质检查和试验报告	I	文件见证	
		外观尺寸检查	I	文件见证	现场见证
		焊接质量检查和探伤试验	IV	文件见证	现场见证
		压力试验	III	文件见证	现场见证
7	套管（瓷柱式）	各项参数与外观检查	II	文件见证	现场见证
8	盆式、支持绝缘子（罐式）	外观及尺寸检查	II	文件见证	现场见证
		机械、密封性能试验（水压、检漏）	III	文件见证	现场见证
		探伤试验	IV	文件见证	
		电气性能试验（耐压、局部放电）	IV	文件见证	现场见证

续表

序号	监 督 项 目	监 督 内 容	权重	监 督 方 式	
9	SF$_6$密度继电器	外部特性	III	文件见证	现场见证
10	压力释放装置	参数特性	II	文件见证	现场见证
11	吸附剂及安装吸附剂的防护罩	各项参数	I	文件见证	现场见证
12	密封圈	外观质量	I	文件见证	现场见证
13	均压环、屏蔽罩	外观质量	I	文件见证	现场见证
14	静、动触头	组装工艺	III	文件见证	现场见证
15	灭弧室组装	组装工艺	III		现场见证
16	合闸电阻（如有）	安装工艺	IV	文件见证	现场见证
17	并联电容（如有）	安装工艺	III	文件见证	现场见证
18	极柱	组装工艺	II	文件见证	现场见证
19	各部件组装	组装工艺	II		现场见证
20	控制箱总装	组装工艺	II	文件见证	现场见证
21	机构箱组装	组装工艺	IV	文件见证	现场见证
22	加热驱潮、照明装置	组装工艺	III	文件见证	现场见证
23	灭弧罐体组装	安装工艺	III	文件见证	
24	电缆	安装工艺	II		现场见证
25	主回路绝缘试验	①耐压试验；②局部放电试验；③雷电冲击试验	IV	文件见证	现场见证
26	辅助和控制回路绝缘试验	①耐压试验；②绝缘电阻测试	III	文件见证	现场见证
27	主回路电阻测量	测量 A、B、C 三相主回路的电阻	IV	文件见证	现场见证

序号	监 督 项 目	监 督 内 容	权重	监 督 方 式	
28	密封试验	各密封面密封性检查	III	文件见证	现场见证
29	SF$_6$气体含水量测量	试验结果符合技术文件要求	IV	文件见证	现场见证
30	机械操作和机械特性试验	①分、合闸时间；②合分时间；③同期性；④分、合闸速度；⑤机械操作次数；⑥最高/低控制电压下操作试验	IV	文件见证	现场见证
31	电流互感器	极性、绝缘电阻、伏安特性、变比	II	文件见证	
32	设计和外观检查	设备与外观检查用于证明产品符合买方的技术要求	III		现场见证
33	位置指示器	外观检测	II		现场见证
34	螺栓紧固	外观检测	II		现场见证
35	分、合闸线圈直流电阻试验	试验结果符合产品技术条件要求	III	文件见证	现场见证
36	分、合闸线圈绝缘性能	试验结果符合产品技术条件要求	II	文件见证	现场见证
37	断路器操作及位置指示	外观及操作检测	II		现场见证
38	就地、远方功能切换	外观及操作检测	II		现场见证
39	防跳回路传动	操作检测	II		现场见证
40	非全相装置	操作检测	II		现场见证
41	辅助开关	外观及操作检测	II	文件见证	现场见证
42	各类表计及指示器安装位置	外观及操作检测	II		现场见证
43	动作计数器	外观及操作检测	II		现场见证
44	主触头	材质、镀层	IV		现场抽检
45	户外汇控柜、机构箱	材质	IV		现场抽检
46	户外汇控柜、机构箱	厚度	IV		现场抽检
47	接线螺栓	材质	IV		现场抽检

3.1　断路器监督要点

序号	监督项目	监督内容	权重	监督要点	监督方式	监督方法
3.1.1	绝缘拉杆	机械特性、电气特性	II	①应满足断路器最大操作拉力（设计）的要求，绝缘拉杆应出具拉力强度试验报告	文件见证	核查材质试验报告、验收报告及实地查看、核对设计文件、制造厂工艺质量文件、合格证
			II	②表面光滑，无气泡、杂质、裂纹等缺陷	现场见证	
			IV	③局部放电量不大于 3pC	文件见证	
			III	④252kV 及以上罐式断路器用绝缘拉杆总装前应逐支进行耐压和局部放电试验	文件见证现场见证	
3.1.2	灭弧室	材料及组装工艺	I	①防尘室作业条件，温度（239~27）℃、洁净度（10000class 以下）、湿度（70%以下）	现场见证	核查材质试验报告、验收报告及实地查看、核对设计文件、制造厂工艺质量文件、合格证
			II	②组装前注意绝缘件表面状态，不应有异物及损伤	现场见证	
			IV	③触指表面：导体表面不应有伤痕、残缺；镀银层不应起皮，或剥落	现场见证	
			III	④活塞内聚四氟乙烯环必须可靠固定	现场见证	
			III	⑤弧触头及喷口应确认合格后再安装	文件见证	
			II	⑥所有的弹簧/卡簧/板簧在组装前要求干净、无毛刺	现场见证	
3.1.3	传动件	外观及机械特性	III	外观检查良好，零部件机械强度及形位公差测量应符合图纸要求	文件见证现场见证	核查试验报告、合格证并现场查看实物
3.1.4	操动机构	出厂合格证书及外观检查	III	操动机构与技术规范书或技术协议中厂家、型号、规格一致，具备出厂质量证书、合格证、试验报告，进厂验收、检验记录齐全。现场检查机构内的轴、销、卡片完好，二次线连接紧固，无杂物及渗漏油等。断路器液压机构应具有防止失压后慢分慢合的机械装置	文件见证现场见证	核查机构合格证等文件及现场查看实物

序号	监督项目	监督内容	权重	监 督 要 点	监督方式	监督方法
3.1.5	分合闸回路	回路检查	III	①断路器分闸回路不应采用 RC 加速设计	文件见证 现场见证	对照设计文件，查验合格证，现场查看实物
			III	②断路器机构分合闸控制回路不应串接整流模块、熔断器或电阻器	文件见证 现场见证	
3.1.6	外壳（罐式）	材质检查和试验报告	I	材料板（管）材质及厚度应符合设计图纸要求，外壳生产厂家应出具外壳质量证书、合格证、试验报告	文件见证	查验质量证书、合格证、试验报告，厚度和设计要求相符
		外观尺寸检查	I	①外壳上各类出口法兰位置方向正确	现场见证	现场查看实物，对照设计图纸和工艺质量文件要求，查看检验记录
			I	②外壳各密封面平整、光滑，公差符合图纸要求，颜色应与技术协议一致	文件见证 现场见证	
		焊接质量检查和探伤试验	II	①焊缝饱满、无焊瘤、夹渣	现场见证	现场查看实物，对照工艺质量文件，查验焊接质量，查验探伤试验报告
			II	②喷砂处理前，应彻底磨平和清理各部位尖角、毛刺、焊瘤和飞溅物，不留死角	现场见证	
			III	③承重部位的焊缝高度应符合图纸或工艺质量文件要求	文件见证	
			IV	④生产厂家应对罐式断路器罐体焊缝进行无损探伤检测，保证罐体焊缝 100%合格，并应出具探伤试验报告	文件见证 现场见证	
		压力试验	III	试验压力和保压时间必须符合设计要求，所有外壳制造完毕后应进行压力试验，试验压力应为设计压力的 k 倍（对于焊接外壳 $k=1.3$；对于铸造外壳 $k=2.0$）。检查试品应无渗漏、无可见变形，试验过程中无异常声响	文件见证 现场见证	现场观察试验过程，对照设计和工艺质量文件要求，检查设备是否完好
3.1.7	套管（瓷柱式）	各项参数与外观检查	II	实物密封面光洁，表面无损伤和裂痕，并应满足订货技术协议要求	文件见证 现场见证	查验原厂试验报告和质量保证书。现场核对实物、制造厂工艺质量文件

续表

序号	监督项目	监督内容	权重	监督要点	监督方式	监督方法
3.1.8	盆式、支持绝缘子（罐式）	外观及尺寸检查	I	①表面光滑，颜色均匀，无划痕、无裂纹	现场见证	现场观察实物，对照图纸、查验实物
			I	②各部件尺寸和公差符合图纸要求	文件见证	
			I	③密封面平整光滑	现场见证	
			II	④嵌件导电部位镀银面无氧化、起泡、划痕	现场见证	
			I	⑤螺孔内无残留物	现场见证	
		机械、密封性能试验（水压、检漏）	III	按设计要求的压力和保压时间打水压和检漏，无渗漏、裂纹等异常	文件见证 现场见证	对照图纸和工艺质量文件，并现场观察试验操作过程
		探伤试验	IV	探伤结果应符合工艺质量文件要求	文件见证	对照工艺质量文件，查验探伤试验报告
		电气性能试验（耐压、局部放电）	III	①在额定气压，试验电压 220kV 断路器取 506kV、500kV 断路器取 740kV，时间为 1min 下，进行耐压试验，试验过程中应无破坏性放电	文件见证 现场见证	查验试验报告，现场观察试验过程
			IV	②局部放电值小于技术要求（单件≤3pC）	文件见证 现场见证	
			III	③126kV 及以上的盆式绝缘子应逐支进行耐压和局部放电试验 252kV 及以上的罐式断路器用盆式绝缘子还应逐支进行 X 光探伤检测	文件见证 现场见证	
3.1.9	SF$_6$ 密度继电器	外部特性	III	①252kV 及以上断路器每相应安装独立的密度继电器。户外断路器应采取防止密度继电器二次接头受潮的防雨措施	现场见证	现场查验实物，并查验原厂质量证明书和试验报告、进厂验收记录并与订货技术协议及标准对照
			III	②应有自封接头，方便现场拆卸，密度继电器与开关设备本体之间的连接方式应满足不拆卸校验密度继电器的要求	现场见证	
			II	③质量证明书和试验报告应符合订货技术协议要求	文件见证	

续表

序号	监督项目	监督内容	权重	监督要点	监督方式	监督方法
3.1.9	SF_6密度继电器	外部特性	III	④密度继电器应装设在与被监测气室处于同一运行环境温度的位置。对于严寒地区的设备,其密度继电器应满足环境温度在-40~-25℃时准确度不低于2.5级的要求		现场查验实物,并查原厂质量证明书和试验报告、进厂验收记录并与订货技术协议及标准对照
3.1.10	压力释放装置	参数特性	II	①外观应完好,布置方向应不朝向人和其他设备	现场见证	现场查验实物并与设计要求对照
			II	②防爆片材质、压力释放值应符合设计要求	文件见证	
3.1.11	吸附剂及安装吸附剂的防护罩	各项参数	I	吸附剂罩的材质应选用不锈钢或其他高强度材料。吸附剂应选用不易粉化的材料并装于专用袋中,绑扎牢固	文件见证 现场见证	现场查看实物,查看产品合格证书
3.1.12	密封圈	外观质量	I	与技术协议要求一致,表面光滑,尺寸符合图纸要求	文件见证 现场见证	查验原厂质量证明书及检验报告,并现场查验实物
3.1.13	均压环、屏蔽罩	外观质量	I	外观良好,并符合制造厂工艺质量文件、设计图纸要求	文件见证 现场见证	查验制造厂工艺质量文件、设计图纸要求,并现场观察实物

3.2 断路器组瓷柱式断路器本体组装监督要点

序号	监督项目	监督内容	权重	监督要点	监督方式	监督方法
3.2.1	静、动触头	组装工艺	III	①静、动触头清洁,无金属毛刺,圆角过渡圆滑,镀银面无氧化、起泡等缺陷	现场见证	对照设计图纸、工艺文件,现场查看实物
			III	②触头开距等机械行程尺寸应满足产品设计要求	文件见证	
3.2.2	灭弧室组装	组装工艺	III	①灭弧室零部件清洗干净,表面光滑,无磕碰划伤	现场见证	现场查看工艺情况
			III	②各零部件连接部位螺栓压接牢固,满足力矩要求	现场见证	
			III	③SF_6灭弧室吸附剂固定牢固	现场见证	

续表

序号	监督项目	监督内容	权重	监 督 要 点	监督方式	监督方法
3.2.3	合闸电阻（如有）	安装工艺	IV	电阻片无裂痕、破损，电阻值符合制造厂规定，辅助触头应进行不少于 200 次的机械操作试验，以保证充分磨合	文件见证现场见证	对照制造厂标准，现场查看实物
3.2.4	并联电容（如有）	安装工艺	II	①电容器完好、干净，无裂纹破损	现场见证	对照技术协议，查看试验报告，现场查看实物
			III	②断路器断口均压电容器组装前应按规程完成电容值、高压介质损耗测量及耐压试验，试验结果应满足技术协议要求	文件见证现场见证	
3.2.5	极柱	组装工艺	II	中心距离误差≤5mm	文件见证现场见证	对照技术协议、设计图纸，现场查看实物

3.3 断路器组瓷柱式断路器控制箱和机构箱组装监督要点

序号	监督项目	监督内容	权重	监 督 要 点	监督方式	监督方法
3.3.1	各部件组装	组装工艺	II	各部位安装牢靠，连接部位螺栓压接牢固，满足力矩要求，平垫、弹簧垫齐全，螺栓外露长度符合设计图纸要求	现场见证	对照设计图纸，查看实物
3.3.2	控制箱总装	组装工艺	II	①户外汇控柜或机构箱的防护等级不得低于IP45W；柜体应设置可使柜内空气流通的通风口，并具有防腐、防雨、防潮、防尘和防小动物进入的性能。非一体化的汇控箱与机构箱应分别设置温度、湿度控制装置	文件见证现场见证	对照技术协议、设计图纸、制造厂标准、工艺文件，现场查看工艺情况
			II	②加热器电源和操作电源应分别独立设置，以保证切断操作电源后加热器仍能工作	现场见证	
			II	③加热器的数量和功率应满足图纸要求，且安装地点要利于对流且不会对相邻元器件造成损害	现场见证	
			II	④断路器分、合闸控制回路的端子间应有端子隔开，或采取其他有效防误动措施	现场见证	

续表

序号	监督项目	监督内容	权重	监督要点	监督方式	监督方法
3.3.3	机构箱组装	组装工艺	II	①外观完整、无损伤，接地良好，箱门与箱体之间的接地连接软铜线（多股）截面积不小于4mm²	现场见证	现场查看实物
			II	②各空气开关、熔断器、接触器等元器件标示齐全正确	现场见证	
			II	③机构箱开合顺畅，密封胶条安装到位，应有效防止尘、雨、雪、小虫和动物的侵入，防护等级不低于IP45W，顶部应设防雨檐，顶盖采用双层隔热布置	文件见证 现场见证	对照设计图纸、技术协议，现场查看实物
			I	④机构箱清洁无杂物	现场见证	
			I	⑤机构中金属元件无锈蚀	现场见证	现场查看实物
			III	⑥机构箱内交、直流电源应有绝缘隔离措施	现场见证	
			II	⑦机构箱内二次回路的接地应符合规范，并设置专用的接地排	现场见证	现场查看实物
			II	⑧机构箱内若配有通风设备，则应功能正常，若有通气孔，应确保形成对流	现场见证	
			IV	⑨分相弹簧机构断路器的防跳继电器、非全相继电器不应安装在机构箱内，应在独立的汇控箱内	现场见证	对照设计图纸、技术协议，现场查看实物
			III	⑩采用双跳闸线圈机构的断路器，两只跳闸线圈不应共用衔铁，且线圈不应叠装布置	现场见证	
3.3.4	加热驱潮、照明装置	组装工艺	III	①机构箱、汇控柜内所有的加热元件应是非暴露型的；加热器、驱潮装置及控制元件的绝缘应良好，加热器与各元件、电缆及电线的距离应大于50mm，温、湿度控制器等二次元件应采用阻燃材料，取得3C认证项目检测报告或通过与3C认证同等的性能试验，外壳绝缘材料阻燃等级应满足V-0级，并提供第三方检测报告。时间继电器不应选用气囊式时间继电器	文件见证 现场见证	现场查看实物，查看装配检验记录

续表

序号	监督项目	监督内容	权重	监督要点	监督方式	监督方法
3.3.4	加热驱潮、照明装置	组装工艺	II	②加热驱潮装置应按照设定温、湿度自动投入	现场见证	现场查看实物，查看装配检验记录
			II	③照明装置应工作正常	现场见证	

3.4　断路器组罐式断路器本体组装监督要点

序号	监督项目	监督内容	权重	监督要点	监督方式	监督方法
3.4.1	静、动触头	组装工艺	III	①静、动触头清洁，无金属毛刺，圆角过渡圆滑，镀银面无氧化、起泡等缺陷	现场见证	对照设计图纸、工艺文件，现场查看实物
			III	②触头开距等机械行程尺寸应满足产品设计要求	文件见证	
3.4.2	灭弧室组装	组装工艺	III	①灭弧室零部件清洗干净，表面光滑，无磕碰划伤	现场见证	现场查看工艺情况
			III	②各零部件连接部位螺栓压接牢固，满足力矩要求	现场见证	
			III	③SF$_6$灭弧室吸附剂固定牢固	现场见证	
3.4.3	合闸电阻（如有）	安装工艺	III	电阻片无裂痕、破损，电阻值符合制造厂规定，辅助触头应进行不少于 200 次的机械操作试验，以保证充分磨合	文件见证 现场见证	对照制造厂标准，现场查看实物
3.4.4	并联电容（如有）	安装工艺	II	①各组件应具备出厂质量证书、合格证、试验报告	文件见证	对照技术协议，查看出厂质量证书、合格证、试验报告，现场查看实物
			II	②电容器完好、干净，无裂纹破损	现场见证	
			III	③断路器断口均压电容器组装前应按规程完成电容值、高压介质损耗测量及耐压试验，试验结果应满足技术协议要求	文件见证 现场见证	
3.4.5	灭弧罐体组装	安装工艺	III	各组件应具备出厂质量证书、合格证、试验报告	文件见证	查看出厂质量证书、合格证、试验报告

续表

序号	监督项目	监督内容	权重	监督要点	监督方式	监督方法
3.4.6	电缆	安装工艺	II	①互感器电缆应低于接线盒。二次接线盒（或插件）应有防止雨（水）措施	现场见证	对照设计图纸、工艺文件，查看合格证，并现场查看实物
			II	②机构箱内二次电缆应采用阻燃电缆，截面积应符合产品设计要求。互感器回路：≥4mm²；控制回路：≥2.5mm²	现场见证	

3.5 断路器组罐式断路器控制箱和机构箱组装监督要点

序号	监督项目	监督内容	权重	监督要点	监督方式	监督方法
3.5.1	各部件组装	组装工艺	II	各部位安装牢靠，连接部位螺栓压接牢固，满足力矩要求，平垫、弹簧垫齐全、螺栓外露长度符合设计图纸要求	现场见证	对照设计图纸，查看实物
3.5.2	控制箱总装	组装工艺	II	①户外汇控柜或机构箱的防护等级不得低于IP45W，；柜体应设置可使柜内空气流通的通风口，并具有防腐、防雨、防潮、防尘和防小动物进入的性能。非一体化的汇控箱与机构箱应分别设置温度、湿度控制装置	文件见证现场见证	对照技术协议、设计图纸、制造厂标准、工艺文件，现场查看工艺情况
			II	②加热器电源和操作电源应分别独立设置，以保证切断操作电源后加热器仍能工作	现场见证	
			II	③加热器的数量和功率应满足图纸要求，且安装地点要利于对流且不会对相邻元器件造成损害	现场见证	
			II	④断路器分、合闸控制回路的端子间应有端子隔开，或采取其他有效防误动措施	现场见证	
3.5.3	机构箱组装	组装工艺	II	①外观完整、无损伤，接地良好，箱门与箱体之间的接地连接软铜线（多股）截面不小于4mm²	现场见证	现场查看实物
			II	②各空气开关、熔断器、接触器等元器件标示齐全正确	现场见证	

序号	监督项目	监督内容	权重	监督要点	监督方式	监督方法
3.5.3	机构箱组装	组装工艺	II	③机构箱开合顺畅,密封胶条安装到位,应有效防止尘、雨、雪、小虫和动物的侵入,防护等级不低于IP45W,顶部应设防雨檐,顶盖采用双层隔热布置	文件见证现场见证	对照设计图纸、技术协议,现场查看实物
			I	④机构箱清洁无杂物	现场见证	现场查看实物
			I	⑤机构中金属元件无锈蚀	现场见证	
			III	⑥机构箱内交、直流电源应有绝缘隔离措施	现场见证	
			II	⑦机构箱内二次回路的接地应符合规范,并设置专用的接地排	现场见证	现场查看实物
			II	⑧机构箱内若配有通风设备,应功能正常;若有通气孔,应确保形成对流	现场见证	
			IV	⑨分相弹簧机构断路器的防跳继电器、非全相继电器不应安装在机构箱内,应装在独立的汇控箱内	现场见证	对照设计图纸、技术协议,现场查看实物
			III	⑩采用双跳闸线圈机构的断路器,两只跳闸线圈不应共用衔铁,且线圈不应叠装布置	现场见证	
3.5.4	加热驱潮、照明装置	组装工艺	III	①机构箱、汇控柜内所有的加热元件应是非暴露型的;加热器、驱潮装置及控制元件的绝缘良好,加热器与各元件、电缆及电线的距离应大于50mm,温、湿度控制器等二次元件应采用阻燃材料,取得3C认证项目检测报告或通过与3C认证同等的性能试验,外壳绝缘材料阻燃等级应满足V-0级,并提供第三方检测报告。时间继电器不应选用气囊式时间继电器	文件见证现场见证	现场查看实物,查看装配检验记录
			II	②加热驱潮装置应按照设定温、湿度自动投入	现场见证	
			II	③照明装置应工作正常	现场见证	

3.6 断路器组出厂试验监督要点

序号	监督项目	监督内容	权重	监督要点	监督方式	监督方法
3.6.1	主回路绝缘试验	①耐压试验 ②局部放电试验 ③雷电冲击试验	IV	①在断路器 SF_6 气体额定压力下进行,在分、合闸状态下分别进行;1min 交流耐受电压(相间(如有)、相对地、断口),耐压试验的试验方案满足相关标准要求,试验过程中应无破坏性放电	文件见证 现场见证	核查试验报告、合格证,对照技术协议,并现场查看试验过程
			IV	②罐式断路器局部放电试验应在所有其他绝缘试验后进行,局部放电量不大于 5pC	文件见证 现场见证	
			III	③雷电冲击耐受试验: a)220kV 及以上罐式断路器应进行正负极性各 3 次的雷电冲击耐受试验,试验过程中应无放电现象发生 b)550kV 断路器设备应进行正负极性各 3 次的雷电冲击耐受试验,试验过程中应无放电现象发生	文件见证 现场见证	
3.6.2	辅助和控制回路绝缘试验	①耐压试验 ②绝缘电阻测试	III	①耐压试验:试验电压为 2000V,持续时间 1min,应无放电现象	文件见证 现场见证	核查试验报告、合格证,对照技术协议,并现场查看试验过程
			III	②绝缘电阻测试:用1000V 绝缘电阻表进行绝缘试验,绝缘电阻应符合产品技术规定	文件见证 现场见证	
3.6.3	主回路电阻测量	测量 A、B、C 三相主回路的电阻	IV	主回路电阻测量应该尽可能在与其型式试验相似的条件下进行,试验电流≥100A,测得的电阻不应超过温升试验前测得的电阻的 1.2 倍,并符合厂内工艺文件要求	文件见证 现场见证	核查试验报告、合格证,对照技术协议,并现场查看试验过程
3.6.4	密封试验	各密封面密封性检查	III	年泄漏率小于 0.5%	文件见证 现场见证	查看试验报告,并现场查看试验过程
3.6.5	SF_6 气体含水量测量	试验结果符合技术文件要求	IV	220~500kV 设备:SF_6 气体含水量的测定应在断路器充气 24h 后进行,且测量时环境相对湿度不大于 80%。SF_6 气体含水量(20℃的体积分数)应符合下列规定:与灭弧室相通的气室,应小于 150μL/L,其他气室小于 250μL/L	文件见证 现场见证	核查试验报告、合格证,对照技术协议,并现场查看试验过程

续表

序号	监督项目	监督内容	权重	监 督 要 点	监督方式	监督方法
3.6.6	机械操作和机械特性试验	①分、合闸时间 ②合分时间 ③同期性 ④分、合闸速度 ⑤机械操作次数 ⑥最高/低控制电压下操作试验	Ⅳ	①机械特性： a）机构速度特性、分合闸时间、分合闸同期性均应符合产品技术条件要求；对252kV及以上断路器，合分时间应满足投标文件要求。 b）出厂试验时应进行不少于200次的机械操作试验（其中每100次操作试验的最后20次应为重合闸操作试验），以保证触头充分磨合。200次操作完成后应彻底清洁壳体内部，再进行其他出厂试验。 c）出厂试验时应记录设备的机械特性行程曲线，并与参考的机械特性行程曲线进行对比，应一致。 d）合闸电阻的接入时间应符合制造厂规定	文件见证 现场见证	核查试验报告、合格证，对照技术协议，并现场查看试验过程及清罐记录
			Ⅲ	②操作电压校核： a）合闸装置在额定电源电压的85%～110%范围内，应可靠动作。 b）分闸装置在额定电源电压的65%～110%（直流）或85%～110%（交流）范围内，应可靠动作。 c）当电源电压低于额定电压的30%时，分闸装置不应脱扣	文件见证 现场见证	
3.6.7	电流互感器	极性、绝缘电阻、伏安特性、变比	Ⅱ	各组件应具备出厂质量证书、合格证、试验报告	文件见证	查看出厂质量证书、合格证、试验报告
3.6.8	设计和外观检查	设计和外观符合产品技术要求	Ⅱ	①断路器外观清洁无污损，油漆完整，无色差	现场见证	现场查看实物
			Ⅱ	②瓷套表面清洁，无裂纹、无损伤，均压环无变形	现场见证	
			Ⅱ	③一次端子接线板无开裂、无变形，表面镀层无破损	现场见证	
			Ⅲ	④金属法兰与瓷件胶装部位粘合牢固，防水胶完好	现场见证	
			Ⅱ	⑤防爆膜检查应无异常，泄压通道通畅	现场见证	
			Ⅰ	⑥接地块（件）安装美观、整齐	现场见证	
			Ⅰ	⑦电流互感器接线牢固	现场见证	

序号	监督项目	监督内容	权重	监督要点	监督方式	监督方法
3.6.9	位置指示器	外观检测	II	位置指示器的颜色和标示应符合相关标准要求，分、合闸指示牌应可靠固定，保证不发生位移	现场见证	现场查看实物
3.6.10	螺栓紧固	外观检测	II	全部外露紧固螺栓推荐采用热镀锌螺栓，紧固后螺纹一般应露出螺母2~3个螺距，各螺栓、螺纹连接件应按要求涂胶并紧固，内部螺栓应划标志线	现场见证	现场查看实物
3.6.11	分、合闸线圈直流电阻试验	试验结果符合产品技术条件要求	III	试验结果应符合设备技术文件要求	文件见证 现场见证	对照技术文件，查看试验报告，现场查看试验过程
3.6.12	分、合闸线圈绝缘性能	试验结果符合产品技术条件要求	II	使用1000V绝缘电阻表进行测试，应符合产品技术条件且不低于10MΩ	文件见证 现场见证	对照技术文件，查看试验报告，现场查看试验过程
3.6.13	断路器操作及位置指示	外观及操作检测	II	断路器及其操动机构操作正常、无卡涩，分、合闸标志及动作指示正确	现场见证	现场查看实物
3.6.14	就地、远方功能切换	外观及操作检测	II	断路器远方、就地操作功能切换正常	现场见证	
3.6.15	防跳回路传动	操作检测	II	就地操作时，防跳回路应可靠工作	现场见证	
3.6.16	非全相装置	操作检测	II	三相非联动断路器缺相运行时，非全相装置能可靠动作，时间继电器、中间继电器经校验可靠动作；带有试验按钮的非全相保护继电器应有警示标志	文件见证 现场见证	查看合格证，并现场查看实物
3.6.17	辅助开关	外观及操作检测	II	①应对断路器合-分时间及操动机构辅助开关的转换时间与断路器主触头动作时间之间的配合进行试验检查；对220kV及以上断路器，合-分时间应符合产品技术条件中的要求	文件见证 现场见证	对照产品技术文件，现场查看实物
			II	②辅助开关应安装牢固，应能防止因多次操作松动变位	现场见证	
			II	③辅助开关应转换灵活、切换可靠、性能稳定	现场见证	

续表

序号	监督项目	监督内容	权重	监 督 要 点	监督方式	监督方法
3.6.17	辅助开关	外观及操作检测	II	④辅助开关与机构间的连接应松紧适当、转换灵活,并应能满足通电时间的要求;连接锁紧螺帽应拧紧,并应采取放松措施	现场见证	对照产品技术文件,现场查看实物
3.6.18	各类表计及指示器安装位置	外观及操作检测	II	断路器设备各类表计(密度继电器、压力表等)及指示器(位置指示器、储能指示器等)安装位置应方便巡视人员或智能机器人巡视观察	现场见证	现场查看实物
3.6.19	动作计数器	外观及操作检测	II	断路器应装设不可复归的动作计数器,其位置应便于读数,分相操作的断路器应分相装设	现场见证	现场查看实物

3.7　断路器金属专业现场监督要点

序号	监督项目	监督内容	权重	监 督 要 点	监督方式	监督方法
3.7.1	主触头	材质、镀层	IV	主触头的材质应为牌号不低于 T2 的纯铜,主触头应镀银	现场抽检	每个工程抽检 1～3 件,每件检测 6 点
3.7.2	户外汇控柜、机构箱	材质	IV	①材质应为 O6Cr19Ni10 的奥氏体不锈钢或耐蚀铝合金,不能使用 2 系或 7 系铝合金	现场抽检	每个工程抽取 1～3 个进行检测,每件逐面进行检测
		厚度	IV	②公称厚度不应小于 2mm,厚度偏差应符合 GB/T 3280 的规定,如采用双层设计,其单层厚度不得小于 1mm	现场抽检	每个工程抽取 1～3 个进行检测,每个箱体正面、反面、侧面各选择不少于 5 个点检测
3.7.3	接线螺栓	材质	IV	二次回路的接线螺栓应无磁性,采用铜质或耐腐蚀性能不低于 O6Cr19Ni10 的奥氏体不锈钢	现场抽检	每个工程每种规格的螺栓随机抽取 3 件进行检测,每件检测不少于 1 点

第4章 组合电器技术监督设备监造项目

组合电器技术监督设备监造项目、监督内容、权重及监督方式见表4-1。

表 4-1   组合电器技术监督设备监造项目

序号	监 督 项 目	监 督 内 容	权重	监督方式	
1	断路器	绝缘拉杆	III	文件见证	现场见证
		灭弧室材料及组装工艺	III	文件见证	现场见证
		传动件	III	文件见证	
		操动机构	II	文件见证	现场见证
		机构箱	II	文件见证	现场见证
2	隔离开关、接地开关及操动机构	部件装配及参数、性能检查	III	文件见证	现场见证
		操动机构	II	文件见证	现场见证
3	母线	部件参数、性能	III	文件见证	现场见证
4	电流互感器	各项特性参数	II	文件见证	现场见证
		装配工艺	II	文件见证	现场见证
5	电压互感器（如在组合电器内部装配）	装配工艺	II	文件见证	现场见证
6	避雷器（如在组合电器内部装配）	特性参数	II	文件见证	
7	外壳	材质检查和试验报告	II	文件见证	
		外观尺寸检查	I	文件见证	
		焊接质量检查和探伤试验	III	文件见证	现场见证

续表

序号	监督项目		监督内容	权重	监督方式	
7	外壳		压力试验	III	文件见证	现场见证
			防锈、防腐	II	文件见证	现场见证
8	出线套管（绝缘复合套管、瓷套管）		各项参数与外观	III	文件见证	现场见证
9	伸缩节		各项特性参数与外观	III	文件见证	现场见证
10	盆式、支持绝缘子		外观及尺寸检查	II	文件见证	现场见证
			机械、密封性能试验（水压、检漏）	II	文件见证	现场见证
			探伤试验	III	文件见证	现场见证
			电气性能试验（工频耐压、局部放电）	III	文件见证	现场见证
11	汇控柜		尺寸及特性	III	文件见证	现场见证
12	电缆终端		接口尺寸配合	I	文件见证	
13	SF_6密度继电器		外部特性	III	文件见证	现场见证
14	压力释放装置		参数特性	II	文件见证	现场见证
15	吸附剂及安装吸附剂的防护罩		各项参数	II	文件见证	现场见证
16	密封圈及密封结构		外观质量	II	文件见证	现场见证
17	总体装配		装配单元（间隔）的元部件组合	III	文件见证	现场见证
			接地	I	文件见证	现场见证
			二次电缆	I		现场见证
			隔断盆式绝缘子	I		现场见证
18	机械操作和机械特性试验	断路器	主要机械尺寸测量	II	文件见证	现场见证

续表

序号	监 督 项 目		监 督 内 容	权重	监 督 方 式	
18	机械操作和机械特性试验	断路器	机械特性测量（分闸时间、合闸时间、合闸不同期、分闸不同期、合-分时间、分合闸速度以及行程-时间特性曲线）	IV	文件见证	现场见证
			机构性能检查	II	文件见证	现场见证
		隔离开关、接地开关	动作特性测量	IV	文件见证	现场见证
			机械操作试验	IV	文件见证	现场见证
19	主回路电阻测量		仪器仪表、电阻值	III	文件见证	现场见证
20	电流互感器（电磁式）		精度、变比、极性、绝缘试验	II	文件见证	现场见证
21	气体密封性试验		仪器仪表、试品状态、漏气率	IV	文件见证	现场见证
22	SF_6气体水分含量测定		试品状态、湿度值	IV	文件见证	现场见证
23	辅助回路绝缘试验		试验过程	II	文件见证	现场见证
24	主回路绝缘试验（交流耐压）		试验过程	IV	文件见证	现场见证
25	局部放电试验		试验过程	IV	文件见证	现场见证
26	雷电冲击试验		试验过程	IV	文件见证	现场见证
27	气体密度继电器及压力表		密度继电器效验过程	II	文件见证	现场见证
28	套管试验		密封性试验和SF_6气体湿度检测、局部放电试验、交流耐压试验	IV	文件见证	现场见证
29	绝缘件试验		试验过程	IV	文件见证	现场见证
30	隔离开关、接地开关及操动机构		部件镀层厚度	IV		现场抽检
			操动机构箱厚度和材质	IV		现场抽检
31	母线		部件镀层厚度	IV		现场抽检

续表

序号	监督项目	监督内容	权重	监督方式
32	外壳及配件	焊接质量检测	IV	现场抽检
		部件材质	IV	现场抽检
33	伸缩节	外观检查	II	现场抽检
		部件材质	IV	现场抽检
34	SF$_6$充气阀门	部件材质	III	现场抽检
35	断路器主触头	材质、镀层	IV	现场抽检

4.1 组合电器监督要点

序号	监督项目	监督内容	权重	监督要点	监督方式	监督方法
4.1.1	断路器	绝缘拉杆	I	①表面光滑，无变形、气泡、杂质、裂纹、划伤等缺陷	现场见证	现场查看实物，对照设计图纸和工艺质量文件，查验试验报告、装配检查记录，外购件还需查验原厂质量证明书及检验报告
			II	②绝缘拉杆应出具拉力强度试验报告，应满足断路器最大操作拉力的要求	文件见证	
			III	③252kV 及以上 GIS 用绝缘拉杆总装配前逐支进行工频耐压和局部放电试验，局部放电量不大于3pC	文件见证现场见证	
			II	④绝缘拉杆外观良好，绝缘拉杆连接牢固，并有防止绝缘拉杆脱落的有效措施（如采取销针、卡簧等措施）	现场见证	
			I	⑤拉杆拆封前的检查及暴露时间的控制：绝缘拉杆要在打开包装后的规定时间内（厂内规定工艺要求）完成装配过程。暴露在空气中时间超出规定时间的绝缘拉杆，使用前应进行干燥处理，必要时重新进行试验	文件见证现场见证	

续表

序号	监督项目	监督内容	权重	监督要点	监督方式	监督方法
4.1.1	断路器	灭弧室材料及组装工艺	I	①灭弧室零部件清洗干净,表面光滑无磕碰划伤	现场见证	现场查看实物、查验装配检查记录
			II	②各零部件连接部位螺栓压接牢固,力矩要求满足厂家工艺文件要求	文件见证现场见证	
			II	③静、动触头清洁无金属毛刺,圆角过渡圆滑,镀银面无氧化、起泡等缺陷	文件见证现场见证	
			III	④GIS用断路器、隔离开关和接地开关,出厂试验时应进行不少于200次的机械操作试验(其中断路器每100次操作试验的最后20次应为重合闸操作试验),以保证触头充分磨合200次操作完成后应彻底清洁壳体内部,再进行其他出厂试验	文件见证现场见证	
			II	⑤各装配单元导电回路电阻测量值应在产品技术要求规定范围内,满足厂家文件要求	文件见证	结合现场实物,查看产品装配检查记录
			II	⑥机械尺寸应满足产品设计要求	文件见证	
			II	⑦断路器分合闸指示标志清晰,动作指示位置正确。断路器应有独自的铭牌等标志,其出厂编号为唯一并可追溯	文件见证现场见证	
		传动件	II	产品与技术规范书或技术协议中厂家、型号、规格一致,具备出厂质量证书、合格证、试验报告,进厂验收、检验、见证记录齐全	文件见证	
		操动机构	I	①机构内的弹簧(弹簧机构)轴、销、卡片完好,二次线连接紧固	文件见证现场见证	现场查看实物、查验试验报告及装配检查记录
			III	②液压机构下方应无油迹,液压弹簧机构各功能模块应无液压油渗漏;电机零表压储能时间、分合闸操作后储能时间符合厂内产品技术要求;额定压力下,液压弹簧机构的24h压降应满足厂内产品技术要求;弹簧机构在合闸弹簧储能完毕后,限位辅助开关应立即将电机电源切断	文件见证现场见证	

序号	监督项目	监督内容	权重	监督要点	监督方式	监督方法
4.1.1	断路器	操动机构	II	③防失压慢分装置应可靠；手动泄压阀动作应可靠，关闭严密，不泄压、不漏油	文件见证 现场见证	现场查看实物，查看装配检查记录
		机构箱	II	①机构箱箱门开合顺畅，密封胶条安装到位，应有效防止尘、雨、雪、小虫和动物的侵入，防护等级不低于 IP45W	文件见证 现场见证	
			III	②机构箱内交、直流电源应有绝缘隔离措施	现场见证	
			II	③机构箱内配有通风设施，则应满足设备防潮、防凝露要求，通气孔应确保形成对流	现场见证	
			I	④外观完整、无损伤、接地良好，箱门与箱体之间接地连接铜线截面积不小于 $4mm^2$	现场见证	
			I	⑤断路器二次线均匀布置、无松动	现场见证	
4.1.2	隔离开关、接地开关及操动机构	部件装配及参数、性能检查	II	①机构与本体连接处密封良好，电缆口应封闭，接地良好，电机运转无异音，操动机构动作可靠、灵活	现场见证	查验原厂质量证明书及检验报告
			I	②同一间隔的多台隔离开关的电机电源，必须设置独立的开断设备	现场见证	现场查看实物、查验装配检查记录、检查试验报告
			II	③接地开关与快速接地开关的接地端子应与外壳绝缘后再接地，以便测量回路电阻	现场见证	
			III	④隔离开关和接地开关应进行不少于 200 次的机械操作试验，操作完成后应彻底清洁壳体内部，保证无碎屑，再进行其他试验	文件见证 现场见证	
			II	⑤应确保操动机构的操作功具有一定裕度（最高 $110\%U_n$，最低 $85\%U_n$ 电压下可靠动作），避免合分闸不到位	文件见证 现场见证	

序号	监督项目	监督内容	权重	监 督 要 点	监督方式	监督方法
4.1.2	隔离开关、接地开关及操动机构	部件装配及参数、性能检查	III	⑥隔离开关主触头镀银层厚度应不小于 8μm	文件见证现场见证	现场查看实物、检查零部件入场合格证、质量跟踪卡
		操动机构	I	①机构内的弹簧、轴、销、卡片、缓冲器等零部件完好	现场见证	现场查看实际装配过程、对照图纸、工艺质量文件、相关标准是否符合要求
			I	②应检查销轴、卡环及螺栓连接等连接部件的可靠性,防止其脱落导致传动失效	现场见证	
			II	③机构应设置闭锁销,闭锁销处于"闭锁"位置机构既不能电动操作也不能手动操作,处于"解锁"位置时能正常操作	现场见证	
			III	④机构箱外壳表面应选用不锈钢、铸铝或具有防腐措施的材料,其厚度应大于 2mm	文件见证现场见证	
4.1.3	母线	部件参数、性能	III	①母线导体材质为电解铜或铝合金	文件见证现场见证	现场查看实物、查验原厂质量证明书及检验报告、进厂验收记录并与订货技术协议及标准对照
			III	②铝合金母线的导电接触部位表面应镀银,镀银层厚度不小于 8μm	文件见证现场见证	现场查看实物、检查零部件入场合格证、质量跟踪卡
4.1.4	电流互感器	各项特性参数	II	精度、极性、变比、直流电阻满足技术协议要求	文件见证	对照技术协议检查产品合格证、试验报告
		装配工艺	II	①电流互感器二次侧严禁开路,二次接线引线端子完整,标志清晰,二次引线端子应有防松动措施(如采取平垫、弹垫、备母等措施),引流端子连接牢固,绝缘良好	文件见证现场见证	外观检查,检查装配检查记录
			I	②电流互感器接线盒电缆进线口封堵严实,箱盖密封良好		

序号	监督项目	监督内容	权重	监督要点	监督方式	监督方法
4.1.5	电压互感器（如在组合电器内部装配）	装配工艺	I	①气体绝缘互感器的防爆装置应采用防止积水、冻胀的结构，防爆膜应采用抗老化、耐锈蚀的材料	现场见证	现场查看实物、检查记录、核对制造厂工艺质量文件
			II	②电压互感器二次侧严禁短路，二次线排列整齐、均匀美观、固定良好、无松动	现场见证	
			II	③密封性能试验、耐压试验符合厂家设计要求	文件见证	
			I	④电压互感器接线盒电缆进线口封堵严实，箱盖密封良好	现场见证	
4.1.6	避雷器（如在组合电器内部装配）	特性参数	II	应提供合格的试验报告，应包含以下项目并符合技术协议要求： ①标称放电电流残压（峰值）； ②直流 1mA 参考电压； ③0.75 倍直流参考电压下泄漏电流； ④工频 3mA 参考电压（峰值/$\sqrt{2}$）； ⑤持续运行电压 U_c 下全电流（有效值）； ⑥持续运行电压下阻性电流（峰值）； ⑦局部放电测量（不大于 10pC）； ⑧SF_6 气体含水量（允许值 250ppm）	文件见证	查验型式试验报告和出厂试验报告
4.1.7	外壳	材质检查和试验报告	II	应检查材料板（管）材质及厚度，材料的牌号、规格，要求材质报告和实物统一	文件见证	查验原厂质量保证书、检验报告
		外观尺寸检查	I	外壳整体尺寸符合厂家设计图纸要求；外壳上各类出口法兰位置方向正确；外壳各密封面平整、光滑、公差符合图纸要求	文件见证	对照设计图纸见证
		焊接质量检查和探伤试验	III	①生产厂家应对 GIS 罐体焊缝进行无损探伤检测，保证罐体焊缝 100%合格	文件见证 现场见证	现场查看实物、检查记录、核对制造厂工艺质量文件
			III	②金属材料和部件材质应进行质量检测，对罐体应按批次抽样开展金属材质成分检测，按批次开展金相试验抽检，并提供相应报告	文件见证 现场见证	
			I	③对于修正部位的补焊要充分、饱满	现场见证	

序号	监督项目	监督内容	权重	监 督 要 点	监督方式	监督方法
4.1.7	外壳	压力试验	III	①标准的试验压力应是 k 倍的设计压力（对于焊接的铝外壳和焊接的钢外壳：$k=1.3$；对于铸造的铝外壳和铝合金外壳，$k=2.0$），试验压力至少维持 1min，试验期间不应出现破裂或永久变形	文件见证	查验罐体合格证
			II	②压力试验不合格的壳体，其金属焊缝均应进行无损探伤检测	文件见证 现场见证	现场查看实物，检查试验报告
		防锈、防腐	II	①户外设备外壳应采用防腐材料。外壳防腐涂层厚度不小于 120μm（铝合金表面不小于 90μm），附着力不小于 5MPa	文件见证 现场见证	现场查看、检查记录及制造厂工艺质量文件
			I	②外壳油漆表面光洁、均匀，颜色应与技术协议一致	文件见证 现场见证	
4.1.8	出线套管（绝缘复合套管、瓷套管）	各项参数与外观	I	①实物密封面光洁，表面无损伤和裂痕	现场见证	现场查看实物，检查套管出厂合格证或试验报告
			III	②检查套管爬距，应满足订货技术协议要求	文件见证	
4.1.9	伸缩节	各项特性参数与外观	II	①伸缩节两侧法兰端面平面度公差不大于 0.2mm，密封平面的平面度公差不大于 0.1mm，伸缩节两侧法兰端面对于波纹管本体轴线的垂直度公差不大于 0.5mm	文件见证 现场见证	现场查看实物，查验波纹管合格证或试验报告
			III	②波纹管及法兰应为 Mn 含量不大于 2%的奥氏体型不锈钢或铝合金	文件见证	
			II	③伸缩节中的波纹管本体不允许有环向焊接头，所有焊接缝要修整平滑；伸缩节中波纹管若为多层式，纵向焊接接头应沿圆周方向均匀错开；多层波纹管直边端部应采用熔融焊，使端口各层熔为整体	文件见证 现场见证	

续表

序号	监督项目	监督内容	权重	监　督　要　点	监督方式	监督方法
4.1.9	伸缩节	各项特性参数与外观	III	④对伸缩节中的直焊缝应进行 100%的 X 射线探伤，缺陷等级应不低于 NB/T 47013.2《承压设备无损检测　第 2 部分：射线检测》规定的 II 级；环向焊缝进行 100%着色检查，缺陷等级应不低于 NB/T 47013.5《承压设备无损检测　第 5 部分：渗透检测》规定的 I 级	文件见证现场见证	现场查看实物，查验波纹管合格证或试验报告
			II	⑤伸缩节制造厂家在伸缩节制造完成后，应进行例行水压试验，试验压力为 1.5 倍的设计压力，到达规定试验压力后保持压力不少于 10min，伸缩节不得有渗漏、损坏、失稳等异常现象；试验压力下的波距相对零压力下波距的最大波距变化率应不大于 15%	文件见证	
			II	⑥用于轴向补偿的伸缩节应配备伸缩量计量尺，同时具有"伸缩节（状态）伸缩量-环境温度"调整参数表	现场见证	
4.1.10	盆式、支持绝缘子	外观及尺寸检查	II	①户外 GIS 法兰对接面宜采用双密封，并应在法兰接缝、安装螺孔、跨接片接触面周边、法兰对接面注胶孔、盆式绝缘子浇注孔等部位涂防水胶	现场见证	现场查看实物，查看型式试验报告
			III	②GIS 采用带金属法兰的盆式绝缘子时，应预留窗口用于特高频局部放电检测；采用此结构的盆式绝缘子可取消罐体对接处的跨接片，但生产厂家应提供型式试验依据。如需采用跨接片，户外 GIS 罐体上应有专用跨接部位，禁止通过法兰螺栓直连	文件见证现场见证	
		机械、密封性能试验（水压、检漏）	II	按设计要求压力和保压时间进行水压和检漏试验，应无渗漏、裂纹等异常	文件见证现场见证	现场查看试验操作过程，检查试验报告
		探伤试验	III	绝缘子内部无裂缝、裂纹、气泡等异常缺陷。252kV 及以上的 GIS 用盆式绝缘子还应逐支进行 X 光探伤检测	文件见证现场见证	现场查看实物，检查试验报告

续表

序号	监督项目	监督内容	权重	监 督 要 点	监督方式	监督方法
4.1.10	盆式、支持绝缘子	电气性能试验（工频耐压、局部放电）	III	126kV 及以上的盆式绝缘子应逐支进行工频耐压和局部放电试验。在设计技术要求的气压、电压和时间下无破坏性放电，局部放电值合格（单件≤3pC）	文件见证现场见证	现场查看实物，检查试验报告
4.1.11	汇控柜	尺寸及特性	II	①户外用组合电器的机构箱盖板、汇控柜门应具备优质的密封防水性，且查看窗不应采用有机玻璃或强化有机玻璃	文件见证现场见证	结合设计图纸现场查看实物，检查出厂合格证
			II	②户外汇控箱或机构箱的防护等级应不低于IP45W，箱体应设置可使箱内空气流通的迷宫式通风口，并具有防腐、防雨、防风、防潮、防尘和防小动物进入的性能。带有智能终端、合并单元的智能控制柜防护等级应不低于IP55。非一体化的汇控箱与机构箱应分别设置温度、湿度控制装置	文件见证现场见证	
			III	③温控器（加热器）、继电器等二次元件应取得"3C"认证或通过与"3C"认证同等的性能试验，外壳绝缘材料阻燃等级应满足 V-0 级，并提供第三方检测报告	文件见证	结合设计图纸现场查看实物，检查出厂合格证
					现场见证	
			II	④断路器分、合闸控制回路的端子间应有端子隔开，或采取其他有效防误动措施	现场见证	
			III	⑤分相弹簧机构断路器的防跳继电器、非全相继电器不应安装在机构箱内，应装在独立的汇控箱内	现场见证	
			I	⑥汇控柜柜门应密封良好，柜门有限位措施，回路模拟线无脱落，可靠接地，柜门无变形	现场见证	
4.1.12	电缆终端	接口尺寸配合	I	导体端面与壳体法兰端面尺寸符合技术协议要求	文件见证	对照技术协议检查产品参数
4.1.13	SF_6密度继电器	外部特性	III	①三相分箱的 GIS 母线及断路器气室，禁止采用管路连接。独立气室应安装单独的密度继电器，密度继电器表计应朝向巡视通道	现场见证	现场查看实物，检查产品合格证

续表

序号	监督项目	监督内容	权重	监督要点	监督方式	监督方法
4.1.13	SF$_6$密度继电器	外部特性	III	②充气口保护封盖的材质应与充气口材质相同，防止电化学腐蚀	文件见证 现场见证	现场查看实物，检查产品合格证
			III	③充气接头材质不应采用 2 系铝合金（铜合金）及 7 系铝合金（锌合金）	文件见证 现场见证	
			III	④密度继电器与开关设备本体之间的连接方式应满足不拆卸校验密度继电器的要求	现场见证	
			III	⑤密度继电器应装设在与被监测气室处于同一运行环境温度的位置。对于严寒地区的设备，其密度继电器应满足环境温度在$-40\sim-25℃$时准确度不低于 2.5 级的要求	文件见证 现场见证	
4.1.14	压力释放装置	参数特性	II	①带有压力释放装置的组合电器，压力释放装置的喷口不能朝向巡视通道，必要时加装喷口弯管	现场见证	现场查看实际装配过程、检查装配记录
			II	②装配前应检查并确认防爆膜是否受外力损伤，装配时应保证防爆膜泄压方向正确（凸面朝向设备内部）、定位准确，防爆膜泄压挡板的结构和方向应避免在运行中积水、结冰、误碰	文件见证 现场见证	
4.1.15	吸附剂及安装吸附剂的防护罩	各项参数	II	吸附剂罩的材质应选用不锈钢或其他高强度材料，不应采用塑料材质。吸附剂应选用不易粉化的材料并装于专用袋中，绑扎牢固	文件见证 现场见证	现场查看实物，查看产品合格证书
4.1.16	密封圈及密封结构	外观质量	I	①密封槽面应清洁、无划伤痕迹；密封垫应无损伤；已用过的密封垫（圈）不得重复使用	现场见证	现场查看实际装配过程、检查装配记录
			II	②密封圈放置应平整，完全嵌入凹槽内，检查密封硅脂涂覆工艺，以及涂覆后情况，避免因密封硅脂过量滴溅造成 GIS 放电	文件见证 现场见证	
4.1.17	总体装配	装配单元（间隔）的元部件组合	II	①检查螺栓力矩标记，防止螺栓松动	现场见证	现场查看实物，检查装配记录
			II	②用清洁剂清洁金属密封面、法兰对接面，表面应清洁、无毛刺	现场见证	

续表

序号	监督项目	监督内容	权重	监督要点	监督方式	监督方法
4.1.17	总体装配	装配单元（间隔）的元部件组合	III	③应采用不低于100A直流压降法测量主回路各部分导电回路电阻，其值应符合厂内技术条件规定	文件见证 现场见证	现场查看实物，检查装配记录
			I	④产品的安装、检测及试验工作全部完成后，应按产品技术文件要求对产品涂防水胶进行密封防水处理	文件见证 现场见证	
		接地	I	连接可靠且接触良好，并满足设计通流要求，接地连片有接地标志	文件见证 现场见证	现场查看实物，检查装配记录
		二次电缆	I	垂直安装的二次电缆槽盒应从底部单独支撑固定，且通风良好；水平安装的二次电缆槽盒应有低位排水措施。机构箱内二次电缆应采用阻燃电缆，截面积应符合产品设计要求：互感器回路≥4mm²；控制回路≥2.5mm²	现场见证	现场查看实物，检查装配记录
		隔断盆式绝缘子	I	隔断盆式绝缘子标示红色，导通盆式绝缘子标示为绿色	现场见证	

4.2 组合电器出厂试验监督要点

序号	监督项目		监督内容	权重	监督要点	监督方式	监督方法
4.2.1	机械操作和机械特性试验	断路器	主要机械尺寸测量	II	行程、超程、开距应符合订货技术协议要求	文件见证 现场见证	核查试验报告，并对照技术协议
			机械特性测量：分闸时间、合闸时间、合闸不同期、分闸不同期、合-分时间、分合闸速度以及行程-时间特性曲线	III	①断路器产品出厂试验中，应对断路器主触头与合闸电阻触头的时间配合关系进行测试，并测量合闸电阻的阻值	文件见证 现场见证	核查试验报告、合格证，并现场查看试验过程及清罐记录
				III	②断路器应测试断路器合-分时间。对252kV及以上断路器，合-分时间应满足技术规范要求	文件见证 现场见证	

序号	监督项目		监督内容	权重	监督要点	监督方式	监督方法
4.2.1	机械操作和机械特性试验	断路器	机械特性测量：分闸时间、合闸时间、合闸不同期、分闸不同期、合-分时间、分合闸速度以及行程-时间特性曲线	Ⅳ	③GIS 用断路器、隔离开关和接地开关，出厂试验时应进行不少于 200 次的机械操作试验（其中断路器每 100 次操作试验的最后 20 次应为重合闸操作试验），以保证触头充分磨合。200 次操作完成后应彻底清洁壳体内部，再进行其他出厂试验	文件见证现场见证	核查试验报告、合格证，并现场查看试验过程及清罐记录
				Ⅲ	④出厂时应逐台进行断路器机械特性测试，断路器应按照要求进行分合闸速度、分合时间、分合闸同期性等机械特性试验，应进行操动机构低电压试验，并测量断路器的行程—时间特性曲线，均应符合产品技术条件要求 最高（或最低）操作电压和最高（或最低）操作液（或气）压力下，连续分合各 5 次（65%～110%电压下可靠分闸；85%～110%电压下可靠合闸）。 在 30%额定操作电压下，配额定操作液（或气）压力，连续操作 3 次，不得分闸	文件见证现场见证	比照试验结果，核查产品参数
				Ⅳ	⑤断路器同期一般应满足下列要求：相间合闸不同期不大于 5ms；相间分闸不同期不大于 3ms；同相各断口间合闸不同期不大于 3ms；同相各断口间分闸不同期不大于 2ms	文件见证现场见证	
			机构性能检查	Ⅱ	①弹簧机构：检查储能时间，应满足技术规范要求	现场见证	核查断路器试验报告，并现场查看试验过程
				Ⅱ	②液压机构：检查油泵打压时间、油泵启动和停止压力、额定油压、合闸闭锁和报警油压、分闸闭锁和报警油压，应满足技术规范要求	现场见证	
		隔离开关、接地开关	动作特性测量	Ⅳ	分闸和合闸时间（适用隔离开关）、分闸和合闸速度及行程-时间特性曲线（适用快速接地开关）应满足技术规范要求	文件见证现场见证	核查隔离开关试验报告，并查看试验过程

续表

序号	监督项目		监督内容	权重	监督要点	监督方式	监督方法
4.2.1	机械操作和机械特性试验	隔离开关、接地开关	机械操作试验	IV	按以下各种方式进行，应达到以下规定次数：手动、最低或额定操作电压下，合各 200 次（85%～110%电压下可靠分、合闸；30%额定电压下不得分、合闸）	文件见证 现场见证	
4.2.2	主回路电阻测量		仪器仪表	I	测量所用电流应等于或高于直流 100A	文件见证 现场见证	核查试验报告、合格证，并现场查看试验过程
			电阻值	III	①回路电阻值应符合制造厂设计规定值要求	文件见证 现场见证	
				III	②制造厂家应提供每个元件或每个单元主回路电阻的控制值 R_n（R_n 是产品技术条件规定值），并应提供测试区间的测试点示意图以及电阻值	文件见证	
4.2.3	电流互感器（电磁式）		精度、变比、极性、绝缘试验	II	符合技术协议，试验合格	文件见证 现场见证	核查试验报告、合格证，并现场查看试验过程
4.2.4	气体密封性试验		仪器仪表	I	其灵敏度不低于 0.01μL/L	文件见证 现场见证	核查试验报告、合格证，并现场查看试验过程
			试品状态	II	GIS 充入 SF$_6$ 气体至额定压力 断路器、隔离开关及接地开关均已完成出厂试验的机械操作试验后才进行 GIS 密封性试验；包扎后，静置 24h 进行检测	文件见证 现场见证	
			漏气率	IV	每个封闭压力系统或隔室允许的相对年漏气率应不大于 0.5%。 对于外购件，应进行整体密封试验	文件见证 现场见证	
4.2.5	SF$_6$ 气体水分含量测定		试品状态	II	GIS 充入 SF$_6$ 气体至额定压力；充气后 48h 检测	文件见证 现场见证	核查试验报告、合格证，并现场查看试验过程
			湿度值	IV	记录测定结果（20℃），有电弧分解物气室≤150μL/L，无电弧分解物气室≤250μL/L，确认合格	文件见证 现场见证	

续表

序号	监督项目	监督内容	权重	监督要点	监督方式	监督方法
4.2.6	辅助回路绝缘试验	试验过程	II	应对开关设备和控制设备的辅助和控制回路进行试验电压为 2000V、持续时间 1min 的交流耐压试验，应不发生破坏性放电	文件见证 现场见证	核查试验报告、合格证，并现场查看试验过程
4.2.7	主回路绝缘试验（交流耐压）	试验过程	IV	应在耐压前进行老练试验。 在试验前应充 SF_6 气体处于最低功能压力下； 要求：在对地、断口间进行试验电压符合产品技术协议要求，技术协议中无明确要求时，参照以下规定： 550kV 设备施加 740kV 电压； 252kV 设备施加 460kV 电压； 126kV 设备施加 230kV 电压； 72.5kV 设备施加 140kV 或 160kV 电压	现场见证	核查试验报告、合格证，并现场查看试验过程
4.2.8	局部放电试验	试验过程	IV	试验电压及最大允许局部放电量符合产品技术协议的规定，一个间隔最大允许局部放电量不应超过 5pC 或符合技术规范要求	文件见证 现场见证	核查试验报告、合格证，并现场查看试验过程
4.2.9	雷电冲击试验	试验设备	I	①记录设备仪表型号	文件见证 现场见证	核查试验报告、合格证，并现场查看试验过程
		试验过程	IV	②GIS 出厂绝缘试验宜在装配完整的间隔上进行，252kV 及以上设备还应进行正负极性各3 次雷电冲击耐压试验。在 1.2/50μs 标准下进行正负极性各 3 次雷电冲击耐压试验，试验过程中若未发生放电，则判定试品通过试验	文件见证 现场见证	
			III	③加压方式：对地（如果每相独立封闭在金属外壳内的，仅需进行对地试验）以及分开的开关装置断口间进行	文件见证 现场见证	
			III	④SF_6 气体压力应为最低功能压力，应在功能单元或单个间隔上进行	文件见证 现场见证	

续表

序号	监督项目	监督内容	权重	监督要点	监督方式	监督方法
4.2.10	气体密度继电器及压力表	校验	III	气体密度继电器应校验其接点动作值与返回值，并符合其产品技术条件的规定；压力表示值的误差与变差，均应在表计相应等级的允许误差范围内	文件见证 现场见证	核查试验报告、合格证，并现场查看试验过程
4.2.11	套管试验	密封性试验和 SF_6 气体湿度检测	IV	符合产品技术协议要求，每个封闭压力系统或隔室允许的相对年漏气率应不大于 0.5%。 湿度符合产品技术协议要求	文件见证 现场见证	核查试验报告、合格证，并现场查看试验过程
		局部放电试验	IV	符合产品技术条件要求，无要求时按下述要求进行：$1.5U_m/\sqrt{3}$ 电压下，局部放电量应不大于 10pC	文件见证 现场见证	
		交流耐压试验	III	套管与组合电器的导电回路总装后，应随组合电器本体一起试验	文件见证 现场见证	
4.2.12	绝缘件试验	试验过程	IV	GIS 设备内部的绝缘操作杆、盆式绝缘子、支撑绝缘子等部件，必须经过局部放电试验方可装配；工频耐压、局部放电试验，要求在试验电压下单个绝缘件的局部放电量不大于 3pC 应严格对盆式绝缘子、支撑绝缘子等浇注件逐支进行 X 射线探伤。 252kV 及以上瓷套管应逐支进行超声纵波探伤检测	文件见证 现场见证	核查试验报告、合格证，并现场查看试验过程

4.3 组合电器金属专业现场监督要点

序号	监督项目	监督内容	权重	监督要点	监督方式	监督方法
4.3.1	隔离开关、接地开关及操动机构	部件镀层厚度	IV	①隔离开关主触头镀银层厚度应不小于 8μm	现场抽检	每个工程抽检 1～3 件，每件检测 6 点
			IV	②外露连杆、拐臂的镀锌层平均厚度不低于 65μm	现场抽检	每个工程抽检 1～3 件，每件检测 5 点

序号	监督项目	监督内容	权重	监督要点	监督方式	监督方法
4.3.1	隔离开关、接地开关及操动机构	操动机构箱厚度和材质	IV	机构箱外壳应使用 Mn 含量不大于 2% 的奥氏体型不锈钢、铸铝或具有防腐措施的材料，且厚度不小于 2mm。如采用双层设计，其单层厚度不得小于 1mm	现场抽检	箱体厚度：每个工程抽检 3 件，每件每面检测 5 点。材质检验：每个工程抽检 3 件，每件逐面检验
4.3.2	母线	部件镀层厚度	IV	铝合金母线的导电接触部位表面应镀银，镀银层厚度不小于 8μm	现场抽检	每个工程抽检 1～3 件，每件检测 6 点
4.3.3	外壳及配件	焊接质量检测	IV	GIS 及罐式断路器罐体焊缝进行无损探伤检测，依据 NB/T 47013.3—2015《承压设备无损检测　第 3 部分：超声检测》中附录 H.11 进行焊缝质量分级，焊缝质量不低于 II 级为合格	现场抽检	每个工程按纵焊缝 10%，环焊缝 5%（长度）进行抽检
		部件材质	IV	对轴承（销）进行材质成分检验，材质应为 06Cr19Ni10 的奥氏体不锈钢	现场抽检	每个工程抽检 3～5 件
4.3.4	伸缩节	外观检查	II	伸缩节中的波纹管本体不允许有环向焊接头，所有焊接缝要修整平滑；伸缩节中波纹管若为多层式，纵向焊接接头应沿圆周方向均匀错开；多层波纹管直边端部应采用熔融焊，使端口各层熔为整体	现场抽检	每个工程抽检 3 件进行目视检测
		部件材质	IV	波纹管及法兰应为 Mn 含量不大于 2% 的奥氏体型不锈钢或铝合金	现场抽检	每个工程抽检 3 件进行材质检验
4.3.5	SF$_6$充气阀门	部件材质	III	①充气接头材质不应采用 2 系铝合金（铝铜合金）及 7 系铝合金（铝锌合金）	现场抽检	每个工程抽检 3～5 件
			III	②充气口保护封盖的材质应与充气口材质相同	现场抽检	每个工程抽检 3～5 件
4.3.6	断路器主触头	材质、镀层	IV	断路器主触头的材质应为牌号不低于 T2 的纯铜，主触头应镀银	现场抽检	每个工程抽检 1～3 件，每件检测 6 点

第 5 章　隔离开关技术监督设备监造项目

隔离开关技术监督设备监造项目、监督内容、权重及监督方式见表 5-1。

表 5-1　　　　　　　　　　　　　　　　隔 离 开 关 监 造 项 目

序号	监 督 项 目	监 督 内 容	权重	监督方式	
1	导电部分零部件检查	零部件确认	I	文件见证	现场见证
		零部件外观、材质	III	文件见证	现场见证
2	导电部分装配	动、静触头装配	IV	文件见证	现场见证
		中间传动、平衡装置装配	II		现场见证
		接触面	III	文件见证	现场见证
		导电带	IV	文件见证	现场见证
		防雨措施	II	文件见证	现场见证
3	底座/构架零部件	零部件确认	I	文件见证	现场见证
		支座	III	文件见证	现场见证
		传动部件	II	文件见证	现场见证
4	底座/构架装配	底座装配	II	文件见证	现场见证
		传动部件装配	II		现场见证
		接地螺栓	II	文件见证	现场见证
5	机构零部件	零部件确认	I	文件见证	现场见证
		机构箱	IV	文件见证	现场见证
		组件	II	文件见证	现场见证

续表

序号	监 督 项 目	监 督 内 容	权重	监督方式	
6	机构装配	传动性能	II		现场见证
		辅助与控制回路检查	III	文件见证	现场见证
		加热照明	IV	文件见证	现场见证
		过载保护装置	IV		现场见证
7	总装零部件	零件确认	I	文件见证	现场见证
8	底座装配	底座安装	II		现场见证
9	瓷绝缘子安装	外观检查	IV	文件见证	现场见证
		质量报告	IV	文件见证	
10	操作及传动部件装配	机构装配	II		现场见证
		连杆装配	II	文件见证	现场见证
		闭锁装置装配（隔离开关与其附装的接地开关）	IV	文件见证	现场见证
11	调整	开关调试	IV		现场见证
12	回路电阻的测量	主回路电阻的测量	IV	文件见证	现场见证
13	机械操作试验	试验标准	IV	文件见证	现场见证
14	辅助和控制回路绝缘试验	机构中辅助回路和控制回路绝缘耐压	IV	文件见证	
15	绝缘试验	主回路绝缘试验	IV	文件见证	现场见证
16	其他检查	隔离开关分闸断口有效开距	IV	文件见证	现场见证
		触指接触压力	IV	文件见证	现场见证
		操动机构分、合闸操作力矩	IV	文件见证	现场见证

续表

序号	监 督 项 目	监 督 内 容	权重	监 督 方 式
17	导电部分	部件镀层厚度	IV	现场抽检
18	传动部件	部件镀层厚度	IV	现场抽检
19	机构箱体	规格、材质	IV	现场抽检
20	导电臂、接线板、静触头横担铝板	材质	IV	现场抽检
21	轴销及开口销	材质	IV	现场抽检
22	连杆万向节的关节滑动部位	材质	IV	现场抽检

5.1 隔离开关（接地开关）导电部分装配监督要点

序号	监督项目	监督内容	权重	监 督 要 点	监督方式	监督方法
5.1.1	零部件检查	零部件确认	I	零部件规格与图纸一致,外表清洁,镀银件包装、保护完好,不得有损坏、发黑	文件见证 现场见证	查验零部件图纸、查看实物
		零部件外观、材质	III	①导电杆、接线座无变形、破损、裂纹等缺陷,规格、材质应符合设计要求。导电臂、接线板、静触头等不应采用 2 系和 7 系铝合金,应采用 5 系或 6 系铝合金	文件见证 现场见证	现场查看实物、质检合格证
			III	②传动部件的销钉、螺栓、弹簧垫圈等部件应完好;不锈钢部件禁止采用铸造件,铸铝合金传动部件禁止采用砂型铸造	现场见证	现场查看实物
5.1.2	装配	动、静触头	IV	导电接触面镀银层应为银白色,呈无光泽或半光泽,不应为高光亮镀层,镀层应结晶细致、平滑、均匀、连续;表面无裂纹、起泡、脱落、缺边、掉角、毛刺、针孔、色斑、腐蚀锈斑和划伤、碰伤等缺陷。厚度应不小于 20μm,硬度不小于 120HV（基体硬度）。内拉式触头应采用可靠绝缘措施以防止弹簧分流	文件见证 现场见证	现场检查实物、质检合格证

续表

序号	监督项目	监督内容	权重	监 督 要 点	监督方式	监督方法
5.1.2	装配	中间传动、平衡装置装配	II	各转动部位灵活，平衡装置调整到位；轴承（轴套）润滑良好、密封工艺符合要求	现场见证	对照装配工艺文件；观察实际装配操作
		接触面	III	导电回路不同金属接触应采取镀银、搪锡等有效过渡措施，禁止导电回路中不同金属材料直接接触；镀银厚度不宜小于 $8\mu m$，搪锡厚度不宜小于 $12\mu m$	文件见证现场见证	现场查看实物、质检合格证
		导电带	IV	①主导电回路转动部分（上下导电臂之间的中间接头、导电臂与导电底座之间）不应采用导电盘连接，应采用叠片式软导电带连接，叠片式铝制软导电带应有不锈钢片保护	现场见证	现场查看实物
			III	②铜质软连接用来承载短路电流时，应满足动、热稳定要求，如果采用其他材料，则应具有等效的截面积。接地开关可动部件与其底座之间的铜质软连接的截面积应不小于 $50mm^2$	文件见证现场见证	查看型式试验报告、现场查看实物
		防雨措施	II	主导电装配应有防雨措施，配钳夹式触头的单臂伸缩式隔离开关导电臂应采用全密封结构	文件见证现场见证	查看设计图纸、现场查看实物

5.2　隔离开关底座/构架装配监督要点

序号	监督项目	监督内容	权重	监 督 要 点	监督方式	监督方法
5.2.1	零部件	零部件确认	I	零部件规格型号与图纸一致；各接触面、配合面完好	文件见证现场见证	查看设计图纸、查看实物
		支座	III	支座材质应为热镀锌钢或不锈钢，整体结构强度、刚度、稳定性满足厂内技术要求	文件见证现场见证	查看设计图纸、查看实物
		传动部件	II	传动机构拐臂、连杆、轴齿、弹簧等部件应具有良好的防腐性能，传动件如采用镀锌，镀锌层平均厚度不低于 $65\mu m$。拐臂、连杆、传动轴、凸轮表面不应有划痕、锈蚀、变形等缺陷	文件见证现场见证	现场检查实物、质检合格证

序号	监督项目	监督内容	权重	监 督 要 点	监督方式	监督方法
5.2.2	装配	底座装配	II	轴承座、轴销等传动部位转动灵活、润滑良好、密封工艺符合工厂技术要求	文件见证 现场见证	对照装配工艺文件、观察实际装配操作
		传动部件装配	II	隔离开关和接地开关用于传动的空心管材应有疏水通道	现场见证	现场检查实物
		接地螺栓	II	隔离开关、接地开关底座上应装设不小于 M12 的接地螺栓，底座分相的隔离开关，接地螺栓也应分设，接地接触面应平整、光洁、并涂上防锈油，连接截面应满足动、热稳定要求	文件见证 现场见证	查看设计图纸、查看实物

5.3 隔离开关机构装配监督要点

序号	监督项目	监督内容	权重	监 督 要 点	监督方式	监督方法
5.3.1	零部件	零部件确认	I	零部件规格与图纸一致，外表清洁	文件见证 现场见证	查验设计图纸、查看实物
		机构箱	IV	①机构箱材质宜为 Mn 含量不大于 2%的奥氏体型不锈钢或铝合金，且厚度不应小于 2mm，并且具有防潮、防凝露、防腐、防小动物进入等功能	文件见证 现场见证	现场检查实物、质检合格证
			III	②外壳防护等级达 IP54 要求，所有穿透性螺栓需使用防水胶；通风口设置合理，满足空气对流及防护等级的要求	文件见证	型式试验报告
			II	③箱门密封条应连续、完整；输出轴密封结构完好，箱体应可三侧开门（也可两侧开门），正向门与侧门之间有连锁功能，只有正向门打开后侧门才能打开	现场见证	现场检查实物

序号	监督项目	监督内容	权重	监 督 要 点	监督方式	监督方法
5.3.1	零部件	机构箱	II	④外观完整、无损伤，接地良好，箱门与箱体之间接地连接铜线截面积不小于 4mm²	现场见证	现场检查实物
		组件	II	金属零部件应防锈、防腐蚀，螺纹连接部分应防锈、防松动和电腐蚀；同型号同规格产品的安装尺寸应一致，零部件应具有互换性	文件见证现场见证	对照装配工艺文件，现场检查实物
5.3.2	装配	传动性能	II	传动部位润滑良好、传动平稳，手动、电动操作无异常	现场见证	现场查看，操作（记录）
		辅助与控制回路检查	III	①箱内应贴有电气原理接线图；各空气开关、接触器等二次元器件标示齐全正确，应取得"3C"认证或通过与"3C"认证同等的性能试验，外壳绝缘材料阻燃等级应满足 V-0 级，并提供第三方检测报告	文件见证现场见证	现场查看实物、质检合格证
			II	②辅助开关接线正确、切换正常，齿轮箱机械限位准确可靠，辅助开关接点应镀银	文件见证现场见证	查看图纸；现场检查实物
			III	③机构箱内二次回路的接地应符合规范，并设置专用的接地排；交、直流电源应有绝缘隔离措施	文件见证现场见证	查看图纸；现场检查实物
		过载保护装置	IV	操动机构内应装设一套能可靠切断电动机电源的过载保护装置。电机电源消失时，控制回路应解除自保持	文件见证现场见证	查看图纸；现场检查实物
		加热照明	IV	机构箱内所有的加热元件应是非暴露型的；加热器、驱潮装置及控制元件的绝缘应良好，加热器与各元件、电缆及电线的距离应大于 50mm；加热驱潮装置能按照设定温、湿度自动（手动）投入，照明装置应工作正常	现场见证	现场检查实物

5.4 隔离开关总装配监督要点

序号	监督项目	监督内容	权重	监 督 要 点	监督方式	监督方法
5.4.1	零部件	零件确认	I	零部件规格与图纸一致，外表清洁	文件见证 现场见证	查验设计图纸、查看实物
5.4.2	底座装配	底座安装	II	据工艺要求，重点检查安装面（瓷绝缘子、地刀底座）的水平度和垂直度	现场见证	现场查看
5.4.3	瓷绝缘子安装	外观检查	I	①瓷绝缘子应是全新的、检验合格的高强瓷，釉面应均匀、光滑，颜色均匀；表面不应有裂纹	文件见证 现场见证	查验设计图纸、查看实物
			I	②绝缘子应烧制永不磨损、清晰可见的厂家标志、生产年月、批号及与产品样本一致的产品代号	文件见证 现场见证	现场查看实物、质检合格证
			III	③绝缘子上、下金属附件应热镀锌，热镀锌层厚度应均匀、表面光滑且镀锌层平均厚度不小于90μm"	现场见证	现场检查实物、测量
			IV	④绝缘子与法兰胶装部分应采用喷砂工艺。胶装处胶合剂外露表面应平整，无水泥残渣及露缝等缺陷，胶装后露砂高度10~20mm，瓷脖位置不应小于10mm；胶装处应均匀涂以防水密封胶	文件见证 现场见证	对照设计图纸和工艺文件；现场查看
		质量报告	IV	每批绝缘子均应有绝缘子制造厂的质量合格证和制造厂的出厂试验报告（报告中包括瓷件超声波检查、弯曲和扭转试验，任一项不符合要求应判为不合格。用于72.5kV及以上电压等级的绝缘子，应逐个进行机械负荷试验）	文件见证	出厂试验报告
5.4.4	操作及传动部件装配	机构装配	II	检查操动机构蜗轮、蜗杆的啮合情况，确认没有倒转现象	现场见证	现场查看实物
		连杆装配	II	各转动面润滑良好、转动灵活，检查连杆定位销是否装配，垂直连杆应有可靠防滑措施（顶针、销针）	文件见证 现场见证	对照装配工艺文件、观察实际装配操作

续表

序号	监督项目	监督内容	权重	监督要点	监督方式	监督方法
5.4.4	操作及传动部件装配	闭锁装置装配（隔离开关与其附装的接地开关）	IV	隔离开关与其所配装的接地开关之间应有可靠的机械联锁，机械联锁应有足够的强度（当发生电动或手动误操作时，不会损坏任何元器件）	文件见证 现场见证	查验设计图纸、查看实物
5.4.5	调整	开关调试	IV	①操动机构辅助触点信号与隔离开关、接地开关断口位置、行程开关切换满足厂家技术要求	现场见证	现场查看，核对信号
			IV	②检查并确认隔离开关主拐臂调整应过死点	现场见证	现场查看

5.5 隔离开关出厂试验监督要点

序号	监督项目	监督内容	权重	监督要点	监督方式	监督方法
5.5.1	回路电阻的测量	主回路电阻的测量	IV	通以不小于 100A 直流电流，进行隔离开关主回路电阻测量，符合工厂技术条件	文件见证	出厂试验报告
5.5.2	机械操作试验	试验标准	IV	①电动操作隔离开关和接地开关应分别在额定、最高（110%U_n）、最低（85%U_n）操作电压下进行机械特性试验，操作应无故障	文件见证 现场见证	现场查看操作，查看出厂试验报告
			IV	②分合闸同期性应符合产品工厂技术条件要求	文件见证 现场见证	现场查看操作，查看出厂试验报告
5.5.3	辅助和控制回路绝缘试验	机构中辅助回路和控制回路绝缘耐压	IV	工频耐压试验：试验电压为 2000V 持续时间 1min，符合工厂技术条件	文件见证	出厂试验报告
5.5.4	绝缘试验	主回路绝缘试验	IV	隔离开关相间、断口间以及导电部分和底座间尺寸满足厂家技术条件，型式试验报告中温升满足厂家技术条件	文件见证 现场见证	出厂试验报告、型式试验报告、现场测量
5.5.5	其他检查	隔离开关分闸断口有效开距	IV	分闸断口有效距应符合厂家技术要求	文件见证 现场见证	现场查看、出厂试验报告

序号	监督项目	监督内容	权重	监 督 要 点	监督方式	监督方法
5.5.5	其他检查	触指接触压力（夹紧力）	IV	触指压力应符合工厂技术条件	文件见证 现场见证	现场查看、出厂试验报告
		操作机构分、合闸操作力矩	IV	隔离开关操作力矩应符合工厂技术条件	文件见证 现场见证	现场查看、出厂试验报告

5.6 隔离开关金属专业现场监督要点

序号	监督项目	监督内容	权重	监 督 要 点	监督方式	监督方法
5.6.1	导电部分	部件镀层厚度	IV	导电接触面镀银层厚度应不小于 20μm	现场抽检	每个工程抽检 1～3 件，每件检测 6 点
5.6.2	传动部件	部件镀层厚度	IV	传动机构拐臂、连杆、轴齿、弹簧等部件应具有良好的防腐性能，传动件如采用镀锌，镀锌层平均厚度不低于 65μm	现场抽检	每个工程抽检 3～5 件，每件检测 5 点
5.6.3	机构箱体	规格、材质	IV	机构箱材质应为 Mn 含量不大于 2% 的奥氏体型不锈钢或铝合金，且厚度不应小于 2mm。如采用双层设计，其单层厚度不得小于 1mm	现场抽检	箱体厚度：每个工程抽检 3 件，每件每面检测 5 点 材质检验：每个工程抽检 3 件，每件逐面检验
5.6.4	导电臂、接线板、静触头横担铝板	材质	IV	导电臂、接线板、静触头横担铝板应采用 5 系或 6 系铝合金	现场抽检	每个工程抽检 3～5 件进行检测
5.6.5	轴销及开口销	材质	IV	轴销及开口销的材质应为 O6Cr19Ni10 的奥氏体不锈钢	现场抽检	每个工程抽检 3～5 件进行检测
5.6.6	连杆万向节的关节滑动部位	材质	IV	连杆万向节的关节滑动部位材质应为 O6Cr19Ni10 的奥氏体不锈钢	现场抽检	每个工程抽检 3～5 件进行检测